吉首大学立人教育通识课特色教材

张家界
本土植物资源及利用

秦位强　编著

西南交通大学出版社

·成都·

图书在版编目（ＣＩＰ）数据

张家界本土植物资源及利用／秦位强编著. —成都：
西南交通大学出版社，2017.9
ISBN 978-7-5643-5763-4

Ⅰ．①张… Ⅱ．①秦… Ⅲ．①张家界 – 植物资源 – 资
源利用 Ⅳ．①Q948.526.43

中国版本图书馆 CIP 数据核字（2017）第 225753 号

张家界本土植物资源及利用

秦位强　编著

责任编辑	孟秀芝
封面设计	原谋书装
	西南交通大学出版社
出版发行	（四川省成都市二环路北一段 111 号 西南交通大学创新大厦 21 楼）
发行部电话	028-87600564　028-87600533
邮政编码	610031
网址	http://www.xnjdcbs.com
印刷	成都勤德印务有限公司
成品尺寸	170 mm × 230 mm
印张	11.5
字数	188 千
版次	2017 年 9 月第 1 版
印次	2017 年 9 月第 1 次
书号	ISBN 978-7-5643-5763-4
定价	28.00 元

序

21 世纪以来，随着国家高等教育大众化发展战略的确立、教育经费投入的逐年增长以及高校办学自主权的逐步扩大，我国高等教育的发展迎来了新的历史机遇。在新的发展语境中，高校如何突破此前同质化发展的困境，主动回应社会关切，自觉适应经济社会发展，努力破解机制体制障碍，大力提高人才培养质量，凝练办学特色，打造人才培养品牌，是高校建设发展必须面对的现实课题。吉首大学地处湘鄂渝黔四省市边区，近年来竭力突破与生俱来的基础弱势与区位劣势，直面当前高等教育发展的时代难题和现实挑战，以"立人教育"为旗帜统领学校的教育教学工作，构建了独具特色的高等教育理论框架和人才培养体系，大力推动了人才培养的综合改革与协同创新，强化了学校人才培养的特色。

"立人教育"立足学校办学定位，主动对接区域发展国家战略、区域产业发展需求、人民群众脱贫致富需要，从人本教育思想中吸收精神养料，确立将人的站立、发展与完善作为自己的本体价值，通过高等教育实践，每一个受教育者都形成正确的世界观、人生观和价值观，成为一个有独立精神、自由思想和责任担当的顶天立地的生命个体。在人才培养规格上受启发于"人的全面发展理论"和全人教育思想，从对一个"正常人""健康人""全面人"应该要具备的各种要素和内容，提出了自己的理解和看法，并尝试提出了育人的"营养配方"。在纵深结构的着力点和落脚点上与中国当代素质教育思想的理念和目标一致，是对中国当代素质教育思想的具体化，并将之贯彻到"立人教育"的育人实践之中，通过将知识与生命体验联系起来，内化成人正确的、稳定的心理品质，进而使受教育者真正地立起来。在现实关怀层面上，

"立人教育"继承人类历史上平民教育思想的主要价值取向，结合学校办学定位与所在服务区域的现实需要，以及自身承担的社会责任和办学功能，围绕区域经济社会发展对高层次人才的需求来培养人才，将立足区域、服务区域、发展区域，将服务百姓、造福百姓，作为自己与生俱来的历史责任和现实使命。

为实现服务区域经济社会发展的人才培养和打造学校办学品牌的目标，按照"立人教育"的人才培养理念和目标定位，学校构建了"课程引导、环境熏陶、实践历练、自我塑造"四位一体的"立人教育"人才培养实践体系，激活并聚合了育人要素，拓宽了人才培养渠道，形成了人才培养合力。课程引导，主要着眼于课程教学。在课程层面，学校构建了以专业课程为主体，以通识课程、创新创业课程为两翼的"一体两翼"课程体系。课程教学在教授知识的同时，更为重要的是通过知识背后的精神与观念引导学生形成正确的价值观念，启迪学生心智。环境熏陶，是指通过打造"生态校园""文化校园"和"数字校园"，为学生成才提供良好的外部熏陶，通过外部环境的影响，让学生的心性得到滋养，人格得到养成。实践历练，是指通过科学构建实践教学体系，搭建实践教学平台，统筹安排学生的专业实践、情感实践、社会实践、创新创业实践。通过实践历练，让学生真实地感受到知识背后的冷暖、坚守和疼痛，领悟知识背后的价值观念和人生信仰，进一步增强对学校服务区域的了解、认同，加强同服务区域的情感联系，增强服务区域的自觉性。自我塑造，是指积极创造各种形式的学生自我管理、自我学习和自我教育的机会与途径，为学生的自我塑造提供平台。学生通过自我塑造，形成独立而又正确的的人格理想、价值信念，在内心里能够建构一套正确的价值观念体系，成为一个有责任、敢担当、能奉献、有情趣的现代知识分子与合格公民。

学校自 2009 年起，以通识教育为突破口，按照"立人教育"的育人理念，推动并实施教育教学综合改革。2011 年以后，又将"立人教育"从通识教育层面拓展到专业教育层面，并将之作为吉首大学人才培养品牌进行构建和培育。在通识教育层面，学校又构建了"科学素养、人文精神、创新能力、艺术情趣、本土文化"五大通识课程群。每个通识课程群开设了相互关联、相互支撑的系列课程，并依据各专业的知识结构和培养特点对学生在这五类通识课程的选修上提出了具体要求，以避免学生在知识、能力和价值观念方面产生结构性缺失。在课程教学中，除了传统的知识教学之外，更为重要的是要求教师引导学生了解和洞察知识生成背后的求真意志、创新精神、人生态度和审美情怀。本次由西南交通大学出版社出版的首批"吉首大学立人教育通识课特色教材"就是学校教师长期承担通识课程教学和教材研究的结果。它们有力地支撑了学校"立人教育"人才培养理念的落实，强化了学校人才培养的特色，夯实了"立人教育"教育品牌的构建，为学校教育教学改革和人才培养做出了贡献。我们期待将来能有更多的高质量、有特色且自成体系的立人教育通识课特色教材问世。

是为序。

编委会

2017 年 8 月 23 日

 前　言

　　那是 1990 年，一个偶然的机会我开始接触中草药和植物，到现在算起来已有 27 年时间。最初的几年，由于找不到指导老师，我只能一遍又一遍地翻阅自己买来的《中药鉴定学》和从同事那里借来的《中国高等植物图鉴》，并且去学校图书馆教师阅览室反复查阅《全国中草药汇编》。经过这样的学习过程，我逐渐对一些植物的形态特征有了一定的了解。同时，我一有空就在校园内观察各种植物，把这些植物与书本上的文字描述及墨线图进行对比分析。这样坚持了好几年，我从一个植物方面的陌路人，变得能认识几百种植物并了解这些植物的大致用途。1992 年 6 月，我写成《武陵大学校园药用植物资源调查》一文，于次年在内部刊物《武陵生物研究》上发表，这篇文章收录了我当时观察到的校园内的各类药用植物，共计 119 科 420 种。1995 年，我第一次从事与植物相关的课程教学，名为"药用植物"。2002 年下半年，原武陵高专并入吉首大学，我又进行了两个学期的"中草药资源"课的教学。从 2011 年下半年起，我着手开设通识课"常用中草药资源"，从那时起，我的植物类课程的教学就再也没中断过。我把教学过程分为理论和实践两个环节，理论是向学生介绍相关基本知识，实践则是教学生实地辨认植物。在上实践课时，常遇到学生请教野菜方面的问题，于是我又开设了"野菜识别与利用"这一课程。与此同时，从 2011—2013 年，我又对校园内的植物进行了补充调查，基本完成了张家界校区校园植物的普查工作，观察并收录各类植物 137 科 600 种，与 20 年前相比增加了 18 科 180 种。这时，很多园林专业的学生进入我的通识课班级学习，他们纷纷向我请教一些观赏植物方面的问题。但是，由于我的工作任务繁重，已经没法再开设新的通识课了，于是我将之前开设的"常用中草药资源"和"野菜识别与利用"合并起来，并增加了观赏植物方面的教学内容，一门全新的通识课"张家界本土植物资源及利用"就这样诞生了。2014 年上半年，我将"张家界本土植物资源及利用"课作为"吉首大学 2014 年通识课核心课程群建设项目"申报并获得立项。按学校素质教

育中心相关文件要求，完成建设项目的基本要求有：一是坚持开设相关通识课程；二是在 D 类教学期刊上发表 2 篇论文。为了真正把课程建设好，我没有机械地执行这个文件要求，而是利用一切课余时间对张家界的植物资源进行全面的调查，目的是把张家界分布的植物资源搞清楚，让学生能够从我的课堂上知道张家界大致有多少植物，有哪些植物，这些植物有哪些利用价值。为此，从 2014 年开始，我重点普查了天门山和武陵源的植物资源，先后上天门山 65 次、武陵源 45 次。此外，我还在慈利县溪口镇、江垭镇、庄塔乡、朝阳乡、甘堰乡、阳和乡，桑植县八大公山自然保护区、陈家河镇、上河溪乡、上洞街乡、芙蓉桥乡、利福塔乡，永定区天门山镇、温塘镇、王家坪乡、罗塔坪乡、四都坪乡、石长溪林场、喻家溪林场、天泉山林场等地进行了植物资源调查。无数次穿行在张家界的崇山峻岭之中，既有体力消耗带来的疲惫与艰辛，也有一个个新的植物物种被观察到所带来的喜悦与快乐。从 2014 年到现在，我先后自费购置了两台单反相机和数个单反镜头以及两台数码相机，仅植物拍摄器材的费用已超过 7 万元。如此巨大的时间、精力和金钱的投入换来的是：我实际观察和记录到张家界各地分布的各类植物 2000 余种；拍摄各类植物照片 8 万余张；先后撰写了《张家界植物资源总览》（暂名）书稿和《张家界植物资源及利用》教材。

这本教材，不仅是我主持的"吉首大学 2014 年通识课核心课程群建设项目"和"2016 年立人教育通识课程特色教材建设项目"的最终成果，也是我对自己多年来从事植物资源调查和植物类通识课教学所作的一次全面的经验总结。我深信，本教材对于我继续教学"张家界本土植物资源及利用"这一课程，对于学生更加全面地掌握植物知识会大有裨益。

由于编者水平有限，书中难免存在错漏之处，敬请批评指正。

编　者

2017 年 3 月

目 录

第四章 蜜蜜儿开花半春儿红
——张家界食用野果植物资源

第五章 四季花儿开，花开一朵来
——张家界野生观赏植物资源

第六章 树是摇钱树，人是活神仙
——张家界珍稀特有特色植物资源

参考文献

后 记

第一章

地是刮金板，山是万宝山

——张家界植物资源综述

一、张家界是个好地方

张家界市由两区两县组成，即永定区、武陵源区、慈利县、桑植县。桑植县有一种很知名的民族文化艺术——桑植民歌，宋祖英曾经把桑植民歌唱到了维也纳的金色大厅。在众多的桑植民歌中，有一首叫《桑植是个好地方》的民歌，歌词的开头四句是：

地是刮金板，

山是万宝山，

树是摇钱树，

人是活神仙。

这样一个好地方，首先是桑植人民体会到了、唱出来了，而且唱得那样欢快，那样充满自豪感。但这样的好地方并不只属于桑植人民，还属于整个张家界市的人民，因为整个张家界的土地都是风水宝地，整个张家界的山都是万宝山。

张家界市位于湖南省西北部、湖南四大水系之一的澧水中上游，地理坐标为东经 109°40′—111°20′，北纬 28°52′—29°48′。东西长 167 km，南北宽 96 km，土地总面积 9516 km²，占湖南省土地总面积的 4.5%。张家界市属武陵山脉腹地，东接常德市石门、桃源两县，南邻怀化市沅陵县，西与湘西自治州永顺、龙山两县相邻，北与湖北鹤峰、宣恩两县接壤。市界极端位置，最东为慈利县广福桥镇桃溪村，最南为永定区四都坪乡大北厢村，最西为桑植县八大公山自然保护区斗篷山药场，最北为斗篷山自然保护区天平山鸳鸯垭。

从地势上看，张家界市西与云贵高原隆起区毗连，东临洞庭湖平原沉降区，武陵山脉纵贯全境。我国地势西高东低，呈阶梯状分布，张家界市正好位于我国第二大阶梯向第三大阶梯过渡的地带。从气候上看，张家界市属中亚热带山原型季风性湿润气候，光照充足，雨量充沛，无霜期长，严寒期短。张家界市地形复杂多样，境内有数十座海拔 800 m 以上的中山或中山山原，如永定区的天门山、七星山、天泉山，桑植县的头篷山、天平山、杉木界，武陵源区的袁家界、天子山、黄石寨，慈利县的高架界、茅花界等，也有大量 500～800 m 的中低山、300～500 m 的低山、200～300 m 的丘陵，还有 200 m 以下的河谷、溶蚀洼地或者平原。

张家界是个好地方，好就好在它有世界上独一无二的美丽风光。武陵源，面积达 264.6 km² 的石英砂岩峰林地貌，耸立着 3 103 座千姿百态的石峰，其面积之广袤，气势之磅礴，可谓独一无二，绝无仅有。天门山，张家界市永定区最高的山，海拔 1 518.3 m。"大庸有个天门山，隔天只有三尺三"，过去的大庸人用这样的俗语形容天门山的巍峨险峻。今天，自然天成的天门洞，九十九道弯的盘山公路，悬崖上的鬼谷栈道和玻璃栈道，使天门山名扬海内外。张家界美丽的群山之间是同样美丽的峡谷、河流，张家界大峡谷、朝阳地缝就是上天为我们造就的绝世美景。湖南四大水系之一的澧水三大源头在桑植县境内汇合，张家界大鲵国家级自然保护区就在张家界市的澧水上游及其各支流地带，总面积达 14 285 公顷（1 公顷＝10 000 平方米）。温和适宜的气候，大面积的岩溶地貌，丰富的地下水资源，较好的植被环境，为大鲵的生存繁衍提供了得天独厚的条件。张家界美丽的群山内部还有美丽的喀斯特岩溶地貌，黄龙洞和九天洞是这一地貌的典型代表，黄龙洞被誉为"中国最美的旅游溶洞"，九天洞享有"世界奇穴之冠""亚洲第一大洞"的美誉。

张家界山美、水美、谷美、洞美，是一块世界上任何地方都无法复制也无法比拟的风水宝地。

二、张家界的植物多得"五十海"

张家界市地处云贵高原隆起区与洞庭湖平原沉降区结合处，属中亚热带山原型季风性湿润气候。但由于海拔不同，地形地貌复杂多样，又由于张家界不同地方具有不同的小气候环境，导致张家界植物分布呈现出多样性的特点。张家界究竟有多少种植物？有一种说法是张家界"市域有维管束植物 168 科 631 属 1 846 种，其中种子植物 149 科 604 属 1 403 种，木本植物 106 科 320 属 850 种"[①]。实际上，目前人们还无法做出准确的回答，这个数字可能只是综合张家界某些局部地域的植物分布情况得出的结论。张家界虽然土地面积不大，但迄今为止，植物专家和植物工作者到过并作过植物资源普查的地方还只是少数，很多深山老林、悬崖峭壁、深谷沟壑在当前条件下还难以到达。要想把张家界的植物分布情况真正搞清楚，还需要很长一段时间，需要多方面的社会力量形成合力才能完成。

人类对自然界的认识，总是一个由知之甚少到知之较多的过程。随着这种认识的不断扩展和加深，人们就会更加接近真实与真理。这是一个哲学道理，也是我们关于植物的认识的真实写照。张家界到底有多少植物，必须在植物专家和植物工作者对张家界每一块土地进行全面细致的调研工作基础上才能得出可靠的结论，现在还远未到得出这个结论的时候。从总体上看，人们对张家界植物分布的认识还是碎片化的，即还只有对张家界某些局部区域植物分布情况的认识。这些认识主要体现在下列两类文献中：

第一，关于八大公山自然保护区植物资源的文献。1981 年 7 月至 9 月，湖南生态学会牵头组织 84 人组成的科技人员队伍对桑植八大公山林区进行了多学科的综合性科学考察，写出了《湘西八大公山自然资源综合科学考察报告》。报告指出，八大公山自然保护区共有 9 大类型植被，即温性针阔叶混交林、暖性针叶林、落叶阔叶林、常绿落叶阔叶混交林、常绿阔叶林、温性落叶阔叶灌丛、常绿竹类灌丛、中山草丛、山地沼泽草本。报告编写了八大公山植物名录，收录了八大公山自然保护区分布的维管束植物 1 446 种，分属于 168 科 631 属。2004 年出版的《湖南植物志》第一卷也对八大公山自然保护区的植物资源作了描述，指出八大公山自然保护区共有本土种子植物 162 科 709 属 1 775 种。其中，木本植物就有 923 种，隶属 244 属，几乎集中了北温

---

① 中共张家界市委宣传部：《张家界读本》，湖南人民出版社 2009 年版，第 12 页。

带主要的落叶阔叶树属。

第二，关于武陵源植物资源的文献。主要包括以下三种：一是 1981 年邓美成撰写的《大庸县张家界林场木本植物及鸟兽名录》，该名录所指张家界林场，大致相当于现在的张家界国家森林公园，名录收录了木本植物 93 科 517 种；二是 1992 年中南林学院（今中南林业科技大学）林学系和武陵源风景名胜区管理局联合编写的《武陵源风景名胜区木本植物动物昆虫名录》，该名录收录的植物仍局限于木本植物，包括 102 科 298 属 751 种；三是 2000 年湖南省森林管理保护局和武陵源区林业局联合编写的《湖南索溪峪自然保护区自然资源综合科学考察报告》，该报告所指索溪峪自然保护区的范围大致包括索溪峪、天子山等地，不包括张家界国家森林公园，共收录维管束植物 193 科 73 属 1 630 种。这是迄今关于武陵源植物资源分布情况最完整的记载。

20 世纪 90 年代初，我开始接触植物并与之结缘。1990 年至 1993 年对武陵高等专科学校（吉首大学张家界校区的前身）校园的植物资源进行过调查，共统计出校园内分布的各类植物 119 科 420 种。2011 年到 2013 年，我又对校园内的植物进行了补充调查，观察并收录各类植物 137 科 600 种，与 20 年前相比增加了 18 科 180 种。此后我将植物资源调查范围扩大到全市，重点调查了天门山和武陵源的植物资源，先后上天门山 65 次、武陵源 45 次。除这两地以外，全市各地留下了我调查植物资源的足迹，所到之处包括永定区的石长溪林场、喻家山林场、天泉山林场、天门山镇、后坪镇、阳湖坪镇、温塘镇、三家馆乡、四都坪乡、王家坪乡、罗塔坪乡，桑植县的八大公山自然保护区、陈家河镇、河口乡、上河溪乡、上洞街乡、芙蓉桥乡、洪家关乡、利福塔乡，慈利县的江垭镇、溪口镇、朝阳乡、庄塔乡、甘堰乡、阳和乡等。这些调研活动为我掌握张家界植物资源分布的总体状况，进行张家界本土植物资源教学和研究起到了至关重要的作用。在这些调查过程中，我实际观察到的各类植物共有 198 科 928 属 2 139 种。其中蕨类植物为 38 科 82 属 220 种，裸子植物 9 科 25 属 46 种，被子植物 151 科 821 属 1 873 种。

我以这些年自己所做的实地调查为基础，同时综合相关植物研究文献，统计出了到目前为止关于张家界植物分布情况的最完整的记录。张家界市共分布和栽培各类维管束植物共 209 科 1 070 属 3 296 种，其中蕨类植物 43 科 105 属 528 种，裸子植物 9 科 28 属 53 种，被子植物 157 科 937 属 2 715 种。

张家界人在形容数量很多时常用一个独特的表达方式，叫作多得"五十海"。海很宽阔,"五十海"代表的就是特别多的意思。张家界的植物很多,多得"五十海"。虽然张家界的土地面积只有 9 516 km²,仅占湖南省土地总面积的 4.5%,但是张家界分布的植物资源却占到湖南省植物资源的 50%以上。以蕨类植物为例,《湖南植物志》收录的全省所产蕨类植物为 718 种,本人在张家界市各地实地观察到的蕨类植物达 220 种,占全省分布种的 31%,加上相关植物文献明确记载张家界有分布的其他蕨类植物,共计 528 种,占全省分布种的 74%。关于种子植物(即裸子植物和被子植物的总和),《湖南植物志》对全省的分布情况是这样描述的:"根据中南林学院祁承经、喻勋林编的《湖南种子植物总览》统计,湖南种子植物有 5 113 种,隶属于 227 科,1 313 属"①,本人在张家界市各地实地观察到的种子植物达 1 917 种,占全省分布种的 37%,加上相关植物文献明确记载张家界有分布的其他种子植物,共计 2 768 种,占全省分布种的 54%。

　　需要指出的是,209 科 1 070 属 3 296 种植物,既不是张家界植物的准确数目,也不是张家界植物的最终数目。说它不是准确数目,是因为同一种植物,不同的人可能鉴别成同属的不同种,这样原本是一种植物的就会记录成了多种植物。说它不是最终数目,如前所说,目前植物专家们在张家界调查植物所到之处还只是张家界的少数地方,即以八大公山和武陵源为主的自然保护区、风景名胜区,很多山林、河谷、绝壁实际上很少甚至没有被关注到。这些年,笔者马不停蹄地在全市各地进行植物资源考察,但到过的地方依然很有限,可以肯定的是,还有很多植物等待我们去发现、去记录。

三、张家界的植物资源门类齐全

　　所谓植物资源,就是对人类有用的各种植物的总和。张家界分布和栽培的 3000 余种植物当中的大多数可成为供人类利用的植物资源。张家界的植物资源不仅种类多,门类也很齐全。药用植物资源、食用植物资源、观赏植物资源、工业用植物资源等一应俱全;张家界还有数量众多的珍稀特有特色植物。

① 李建宗、陈三茂、林亲众:《湖南植物志》(第一卷),湖南科学技术出版社 2004 年版,第 8 页。这一说法与《湖南种子植物总览》本身的说法有出入,该书在前言中明确指出"本《总览》编入湖南种子植物 210 科 1 310 属 4 859 种(含种下级)",按这个数字计算,张家界市的种子植物占全省种子植物的比例为 57%。参见祁承经、喻勋林:《湖南种子植物总览》,湖南科学技术出版社 2002 年版,第 2 页。

（一）药用植物资源

在张家界分布和栽培的 3 000 余种植物中,三分之一可以药用。本人以《全国中草药汇编》第三版作过统计,该书第一、二、三卷分别收录常用、较常用、少用三类植物药,第一卷收录张家界出产的药用植物 267 种,第二卷收录张家界出产的药用植物 351 种,第三卷收录张家界出产的药用植物 276 种,全套四卷共收录 1 073 种。其中,第一卷收录和记载的张家界出产的 266 种常用药用植物依次是:

一枝黄花、十大功劳、阔叶十大功劳、刀豆、三白草、豪猪刺、土茯苓、金钱松、大血藤、枣、蒜、蓟、茴香、中国旌节花、西域旌节花、刺儿菜、山药、杜鹃兰、独蒜兰、千里光、小木通、川芎、川续断、女贞、马齿苋、马鞭草、天门冬、天南星、一把伞南星、天麻、天葵、皱皮木瓜、野木瓜、木鳖子、木通、细柱五加、车前、菖蒲、牛蒡、牛膝、升麻、柚、月季花、丹参、乌头、梅、玉竹、艾、野艾蒿、红足蒿、魁蒿、五月艾、石韦、庐山石韦、有柄石韦、华北石韦、吊石苣苔、石菖蒲、石榴、阴行草、冬青、生姜、仙茅、龙芽草、白及、芍药、白芷、白茅、白屈菜、扁豆、白蔹、白薇、瓜子金、甜瓜、栝楼、冬瓜、冬葵、玄参、半边莲、半夏、杠板归、老鹳草、野老鹳草、地肤、枸杞、地黄、地榆、地锦草、西瓜、柽柳、百合、卷丹、大百部、当归、朱砂根、竹节参、延胡索、合欢、决明、麦冬、花椒、芥菜、苍耳、芦苇、杜仲、活血丹、吴茱萸、牡丹、牡荆、何首乌、石松、谷精草、玉兰、武当玉兰、望春玉兰、宽叶羌活、柑橘、网络鸡血藤、香花鸡血藤、鸡冠花、风龙、黄花蒿、青葙、玫瑰、苦树、苦参、楝、苘麻、枇杷、马尾松、枫香树、鸢尾、虎杖、垂盆草、委陵菜、侧柏、佩兰、青牛胆、金荞麦、过路黄、忍冬、金樱子、草珊瑚、荠菜、地笋、细辛、山鸡椒、茵陈蒿、杏叶沙参、南酸枣、枳、栀子、枸骨、柿、威灵仙、厚朴、牵牛、韭、槲蕨、钩藤、华钩藤、香附子、石香薷、华重楼、七叶一枝花、凤仙花、前胡、紫花前胡、曼陀罗、柴黄姜、络石、苦栎木、萝卜、莲、桔梗、桃、核桃、夏枯草、川党参、鸭跖草、积雪草、射干、徐长卿、凌霄、粉防己、益母草、天目贝母、天师栗、海金沙、通脱木、白木通、三叶木通、桑、菝葜、黄山药、黄连、川黄檗、黄蜀葵、多花黄精、粉背薯蓣、菟丝子、金灯藤、菊花、铁冬青、常山、蛇床、银杏、皂荚、猫爪草、普通鹿蹄草、商陆、垂序商陆、旋复花、风轮菜、灯笼草、三枝九叶草、淡竹叶、狗脊蕨、顶芽狗脊、紫萁、分株紫萁、华南紫萁、绿萼梅、葛、萹蓄、构树、棕榈、紫花地丁、紫苏、回回苏、野生紫苏、老鸦糊、白棠子树、蹄叶橐吾、大豆、芝麻、石胡荽、筋骨草、云南薯、路边青、柔毛路边青、碎米桠、蓖麻、蒲公英、水烛、香蒲、槐、酸浆、紫金牛、榿、豨莶、腺梗豨莶、毛梗豨莶、辣椒、漆、臭椿、槲寄生、鳢肠、稻、天名精、野胡萝卜、薤白、薏苡、薄荷、藁本、石竹、翻白草。

张家界人有种植药用植物的传统，杜仲、厚朴、川黄檗是张家界种植面积最大的药材。桑植县八大公山自然保护区、永定区天门山等地种植过黄连、天麻等珍贵药材，永定区沅古坪、王家坪一带的农户有在房前屋后种植药用植物的习俗，种植的种类包括柳叶牛膝、独活、紫花前胡、佩兰、卫矛、皱皮木瓜、竹根七等。

（二）食用植物资源

可供人类食用的植物资源可分为很多类型，主要有食用淀粉、野菜、食用野果、食用香料和油脂等。

张家界出产的食用淀粉植物主要有三类：一是张家界各地农村栽培的粮食作物，主要包括稻、玉蜀黍、小麦、高粱、荞麦、番薯、阳芋、落花生、芋、魔芋等；二是可供人类直接食用（含生食和熟食）的淀粉植物，包括蕨、葛、火棘、榛属（川榛、华榛、藏刺榛）、栗属（栗、茅栗、锥栗）、薯蓣属（薯蓣、日本薯蓣）、百合属（百合、野百合、卷丹、湖北百合、南川百合等）；三是需经过特殊处理以后可供食用的淀粉植物，如壳斗科青冈属、栎属、锥属植物的果实都富含淀粉，但需除去鞣质后方可食用。

张家界出产的野菜很多，张家界人习惯食用的植物野菜有 10 余种，主要包括松乳菇、红汁乳菇、念珠藻、蕨、蕺菜、葛、茅、香椿、鸭儿芹、水芹、马齿苋、魁蒿、薤白等，多种竹类植物的竹笋也是张家界市民喜爱的野菜。张家界出产但没有或者少有食用习惯的其他植物野菜多达 100 种以上。

张家界的食用野果资源非常丰富，常见的有蔷薇科悬钩子属植物山莓、插田泡、大红泡、川莓、高粱泡、茅莓的果实，火棘属植物火棘、全缘叶火棘、细圆齿火棘的果实；胡颓子科胡颓子属植物宜昌胡颓子、披针叶胡颓子、长叶胡颓子、银果牛奶子、木半夏等的果实；山茱萸科四照花属植物四照花、尖叶四照花等的果实；木通科木通属植物木通、三叶木通、白木通的果实，八月瓜属植物五月瓜藤、鹰爪枫的果实，野木瓜属植物野木瓜、尾叶那藤的果实；山茶科山茶属植物油茶的新叶、幼果的变异物（茶泡）等。

张家界分布的一些植物的茎、花可直接生食，如野蔷薇、软条七蔷薇、虎杖的嫩茎，丝茅、斑茅的嫩花序，杜鹃的花等。

张家界的食用香料植物主要有川桂、花椒、薄荷、山鸡椒、木姜子等。张家界的食用油脂植物也很丰富，除了普遍栽培的油菜外，油茶也是张家界出产的重要油料作物，桑植县上河溪乡刘家垭村漫山遍野都是油茶树。在张家界出产的野生植物中，华榛、光皮梾木、仿栗、山桐子、黄花草等都是可食用油脂植物，只是尚未进行开发利用。

（三）观赏植物资源

观赏植物可以分为观叶、观花、观果、观茎等类型，很多还是复合型观赏植物。张家界分布的野生植物中具有观赏价值的植物资源达 500 种以上。

张家界出产的许多蕨类植物是很好的观叶植物，如石松、卷柏、兖州卷柏、薄叶卷柏、深绿卷柏、翠云草、银粉背蕨、野雉尾金粉蕨、毛轴碎米蕨、肾蕨、矩圆线蕨、槲蕨、耳形瘤足蕨、铁线蕨、福建观音座莲等。其他草本观叶植物也很丰富，如景天科的费菜、垂盆草、佛甲草、大苞景天、山飘风、云南红景天，百合科的紫萼、蜘蛛抱蛋、天门冬、万年青等都是很好的观叶植物。木本植物中，可用作观叶植物的种类很多，如：樟科的樟属、润楠属、楠属、木姜子属、新木姜子属，黄杨科的黄杨属、野扇花属、板凳果属，交让木科的虎皮楠属，壳斗科的青冈属、柯属、栎属，冬青科的冬青属，山矾科的山矾属，山茱萸科的桃叶珊瑚属。

张家界有丰富的野生观花植物。木本植物中的珙桐有中国鸽子花的美誉，草本植物中的"龙虾花"（张家界人对多种野生凤仙花科植物的统称）也名扬四方。此外，木兰科、蔷薇科、山茶科、杜鹃花科、虎耳草科、安息香科、山茱萸科、忍冬科中的很多植物都可用作木本花卉。堇菜科、苦苣苔科、桔梗科、百合科、石蒜科、兰科中很多植物可用作草本花卉。

张家界的观果植物也很丰富。蔷薇科的火棘，省沽油科的膀胱果，槭树科的金钱槭、青榨槭、罗浮槭，四照花科的尖叶四照花、四照花，胡颓子科的银果牛奶子、宜昌胡颓子，忍冬科的巴东荚蒾、苦糖果等都是很好的观果植物。

张家界还有一些极具特色的观茎植物，包括黄丹木姜子、卫矛、血皮槭、尾叶紫薇、光皮梾木等。其中特别值得一提的是血皮槭，天门山分布最多，树皮赭红色，给人独特的视角享受。

（四）工业用植物资源

工业用植物资源包括木材类植物、纤维植物、鞣料植物、香料植物、油脂树脂树胶植物及其他工业用植物。所有这些类型的植物张家界都有分布。

木材类植物，张家界栽培和使用最多的是马尾松、杉木，近三十多年来桤木的栽培面积较大，柏木、柳杉、日本柳杉也有一定栽培面积。其他常见的木材树种还有樟、闽楠、檫木、枫香树、香椿、刺楸、泡桐、毛竹等。

纤维植物，张家界栽培和利用最多的是苎麻。构树、小构树普遍分布，但这些年利用较少。其他含纤维植物较多的还有荨麻科、瑞香科、锦葵科、梧桐科、禾本科等，大多没有得到充分利用。

鞣料植物，广泛用于医药、染料、制革、制墨等方面，张家界含鞣质成分的植物种类非常多，但每年收购和加工的只有五倍子（在盐肤木、红麸杨树上寄生的虫瘿）。

香料植物，张家界分布的有樟科植物樟、山鸡椒、木姜子、毛叶木姜子，木兰科八角属的多种植物，芸香科的多种柑橘类植物的果皮，木樨科的木樨（桂花），天南星科菖蒲属植物，多种兰科植物。

油脂、树脂、树胶植物，张家界利用最多的是油桐、乌桕。此外，山鸡椒、木姜子、毛叶木姜子的果实是提炼山苍子油的重要原料，可用于制造脂肪酸、醛、醇酯、肥皂等；马尾松、漆、枫香树、紫花络石含丰富的树脂；桃、猕猴桃等含树胶。

其他工业用植物，张家界最常见的就是盾叶薯蓣，张家界本地称黄姜，20世纪后期曾进行过规模种植。

（五）珍稀特有特色植物

在张家界丰富的植物资源中，珍稀植物种类分布较多。属于野外自然分布的国家一级重点保护植物有 6 种，即中华水韭、红豆杉、南方红豆杉、伯乐树、珙桐、光叶珙桐，属于野外自然分布的国家二级重点保护植物多达 24 种，如篦子三尖杉、巴山榧树、花榈木、红椿、香果树、长果秤锤树等。这些种类仅指《国家重点保护野生植物名录（第一批）》收录的种类，而不包括尚未正式颁布的《国家重点保护野生植物名录（第二批）》增加的种类。

在张家界野外自然分布的植物资源中，有驰名中外的珍贵的中国特有种，如白豆杉、粗榧、红豆杉、瘿椒树、珙桐、杜仲等；也有在张家界新发现的特有种，如大庸鹅耳枥、桑植吊石苣苔、天平山淫羊藿、天门山杜鹃、张家界杜鹃、大庸薹草等。

张家界人民还在开发利用本土植物上作出了积极探索，开发出许多具有张家界地方特色的产品。如在传统的土家"霉茶"的基础上，黄宏全带领其团队对显齿蛇葡萄进行深入研究，开发出茅岩莓茶，该产品现已成为张家界最具特色的产品。近年来张家界又在青钱柳产品的研发上下了很大工夫，相关企业通过资源合作模式，建立青钱柳基地，研发青钱柳保健茶系列产品，既为企业带来了良好的经济效益，又为当地精准扶贫做出了贡献。

第二章

百草都是药，凡人识不破

——张家界药用植物资源

一、从传统中药的视角了解张家界药用植物资源

中药学常用的分类方法是根据中草药的功效进行分类，根据这一方法，中草药资源可分为解表药、清热药、祛风湿药、利水渗湿药、温中散寒药、芳香化湿药、理气药、止血药、活血祛淤药、止咳化痰平喘药、安神药、平肝息风药、涌吐药、泻下药、消食药、开窍药、收涩药、补益药、驱虫药、外用药等。张家界药用植物资源丰富，上述各类中草药资源均有分布。

（一）解表药

解表药就是能发散表邪、解除表证的药物。这类药物又可细分为辛温解表药和辛凉解表药，前者用于风寒表证，后者用于风热表证。

张家界出产的辛温解表药植物有紫苏（紫苏叶）、宽叶羌活（羌活）、白芷、藁本、细辛、玉兰（辛夷）、望春玉兰（辛夷）、武当玉兰（辛夷）、苍耳（苍耳子）、姜（生姜）、葱（葱白）、芫荽、石香薷、石荠苎、牛至、石胡荽（鹅不食草）、异叶茴芹（鹅脚板）。

张家界出产的辛凉解表药植物有薄荷、桑（桑叶）、菊花、牛蒡（牛蒡子）、葛（葛根）、升麻、牡荆（牡荆叶）、黄荆（黄荆叶）、柽柳、邻近风轮菜（剪刀草）、细风轮菜（剪刀草）、节节草、满江红、山胡椒（山胡椒叶）、红马蹄草、水蜈蚣、九头狮子草、天胡荽。

（二）清热药

清热药是以清泄里热为主要作用的药物，可细分为六类：一是清热泻火药，用于脏腑火热亢盛之证；二是清热燥湿药，用于湿热内蕴或湿邪化热之证；三是清热解毒药，适用于各种热毒火毒之证；四是清热凉血药，适用于温热病邪入于营血及血热妄行所致各种出血；五是清热解暑药，适用于夏日中暑、发热等证；六是清热除蒸药，也叫清虚热药，适用于热病后期而致夜热早凉，久病伤阴所致骨蒸潮热。

张家界出产的清热泻火药植物有栀子、毛金竹（竹叶）、淡竹叶、栝楼（天花粉）、芦苇（芦根）、夏枯草、青葙（青葙子）、密蒙花、谷精草、王瓜（王瓜根）、大叶唐松草（大叶马尾连）。

张家界出产的清热燥湿药植物有黄连、川黄檗（黄柏）、苦参、苦枥木（秦皮）、白蜡树（秦皮）、豪猪刺（三颗针）。

以清热解毒为主要功能的药用植物最为丰富，张家界出产的有忍冬（金银花）、蒲公英、紫花地丁、七叶一枝花（重楼）、华重楼（重楼）、野菊（野菊花）、一枝黄花、百蕊草、金荞麦、蕺菜（鱼腥草）、大血藤、败酱（败酱草）、攀倒甑（败酱草）、冬青（四季青）、佛甲草、乌蔹莓、荔枝草、韩信草、翻白草、委陵菜、马齿苋、水蓼（辣蓼）、地锦草、斑地锦（地锦草）、射干、井栏边草（凤尾草）、鬼针草、婆婆针（鬼针草）、狼杷草、金盏银盘、青牛胆（金果榄）、万年青、酸浆（锦灯笼）、多须公（广东土牛膝）、土牛膝、天名精、朱砂根、点地梅（喉咙草）、杜鹃兰（山慈菇）、独蒜兰（山慈菇）、枳椇（枳椇子）、千里光、虎耳草、白蔹、天葵（天葵子）、土茯苓、蛇葡萄（蛇葡萄根）、钝叶酸模（土大黄）、金线吊乌龟（白药子）、雪胆、长萼堇菜（犁头草）、七星莲（地白草）、苣荬菜、苦荬菜、半边莲、八角莲、东风菜、葎草、爵床、铁冬青（救必应）、苦树（苦木）、蛇含委陵菜（蛇含）、蛇莓、仙人掌、乌蕨（大叶金花草）、野雉尾金粉蕨（小叶金花草）、长春花、冬凌草（碎米桠）、草珊瑚（肿节风）、龙葵、中华猕猴桃（藤梨根）、牛筋草、漆姑草、黄蜀葵（黄蜀葵花）、单叶铁线莲（雪里开）、白背叶、半边旗、杏香兔耳风（金边兔耳）、抱茎小苦荬（苦碟子）、野蔷薇（蔷薇根）、猪殃殃、盐肤木（盐肤木根）、马缨丹（五色梅）、小蜡（小蜡树）、深绿卷柏（石上柏）、芭蕉（芭蕉根）、灯台树、烟管头草（挖耳草）、赤胫散、喜旱莲子草（空心

苋）、金丝梅（芒种花）、垂柳（柳叶）、小蓬草（小飞蓬）、无根藤、细叶鼠
麴草（天青地白）、含羞草、决明（山扁豆）、三叶崖爬藤（三叶青）。

张家界出产的清热凉血药植物有地黄（鲜生地、干地黄）、牡丹（牡丹皮）、
芍药（赤芍）、马兰、莲（藕）。

张家界出产的清热解暑药植物有西瓜、绿豆、莲（荷叶）、蜡梅（腊梅花）。

张家界出产的清热除蒸药植物有白薇、枸杞（地骨皮）、黄花蒿（青蒿）、
青蒿、十大功劳（十大功劳叶）、阔叶十大功劳（十大功劳叶）、枸骨（枸骨
叶）、牡蒿。

（三）祛风湿药

祛风湿药是指以祛除风寒湿邪、治疗风湿痹证为主的药物。祛风湿药大
体上可分为祛风止痛药和舒筋活络药两类，前者具有明显的祛风止痛作用，
根据痹证所属寒热不同而有针对性地选用；后者具有舒筋活络作用，适用于
风湿痹痛兼关节屈伸不利、筋脉拘挛等证。

张家界出产的祛风止痛药植物有重齿当归（独活）、威灵仙、细柱五加（五
加皮）、槲寄生（桑寄生）、徐长卿、木防己、千金藤、风龙（青风藤）、苍耳、
楤木、薜荔、石楠（石楠叶）、白簕（刺三甲）、樟（樟木）、杉木、构棘（穿
破石）、柘树（穿破石）、开口箭、竹叶花椒（竹叶椒根）、醉鱼草（醉鱼草根）、
八角枫、瓜木（八角枫）、鸡矢藤、蜡梅（铁筷子）、及己。

张家界出产的舒筋活络药植物有桑（桑枝）、皱皮木瓜（木瓜）、络石（络
石藤）、凤仙花（凤仙透骨草）、石松（伸筋草）、丝瓜（丝瓜络）、枫香树（路
路通）、牻牛儿苗（老鹳草）、老鹳草、野老鹳草（老鹳草）、接骨草（陆英）、
接骨木、马尾松（松节）、南蛇藤、常春藤、虎刺、地锦（爬山虎）、茄（茄
根）、豨莶（豨莶草）、腺梗豨莶（豨莶草）、毛梗豨莶（豨莶草）、海州常山
（臭梧桐）、臭牡丹、千斤拔、胡颓子（胡颓子根）、地桃花、白花泡桐（泡桐
皮）、川泡桐（泡桐皮）。

祛风湿药还可区分为祛风寒湿药、祛风湿热药、祛风湿强筋骨药。祛风
寒湿药用于风寒湿痹证，张家界分布的主要有重齿当归（独活）、威灵仙、乌
头（川乌）、马尾松（松节）、石松（伸筋草）、枫香树（路路通）、皱皮木瓜
（木瓜）、徐长卿、风龙（青风藤）。祛风湿热药用于风湿热痹证，张家界分布
的主要有粉防己（防己）、桑（桑枝）、豨莶（豨莶草）、腺梗豨莶（豨莶草）、

毛梗豨莶（豨莶草）、海州常山（臭梧桐）、络石（络石藤）、牻牛儿苗（老鹳草）、老鹳草、野老鹳草（老鹳草）、柴黄姜（穿山龙）、丝瓜（丝瓜络）。祛风湿强筋骨药用于风湿日久所致腰膝酸软等证，张家界分布的主要有桑寄生、细柱五加（五加皮）、普通鹿蹄草（鹿衔草）、石楠（石楠叶）。

（四）利水渗湿药

利水渗湿药，就是能通利水道、祛除水湿的药物，可分为利水消肿药、利水通淋药、利湿退黄药三类。利水消肿药适用于水湿内停引起的水肿、小便不利等证；利水通淋药适用于热淋涩痛、小便频数、尿血等膀胱湿热诸证；利湿退黄药适用于湿热黄疸。

张家界出产的利水消肿药植物有三白草、蚕豆（蚕豆壳）、冬瓜（冬瓜皮）、葫芦、玉米（玉米须）、杠板归、油桐（油桐根）、构树（楮树白皮）、苦蘵、鸭跖草、枳椇（枳椇子）、瓦韦。

张家界出产的利水通淋药植物有车前（车前子）、木通、三叶木通（木通）、白木通（木通）、小木通（川木通）、通脱木（通草）、中国旌节花（小通草）、西域旌节花（小通草）、青荚叶（小通草）、石竹（瞿麦）、萹蓄、地肤（地肤子）、石韦、有柄石韦（石韦）、庐山石韦（石韦）、华北石韦（石韦）、海金沙、冬葵（冬葵子）、粉背薯蓣（萆薢）、榆（榆白皮）、紫茉莉（紫茉莉根）、萱草（萱草根）、黄花菜（萱草根）、铁线蕨（猪鬃草）。

张家界出产的利湿退黄药植物有茵陈蒿（茵陈）、过路黄（金钱草）、活血丹（连钱草）、虎杖、地耳草（田基黄）、垂盆草、叶下珠（珍珠草）、阴行草（铃茵陈）、马蹄金、积雪草、鳞叶龙胆（龙胆地丁）、白马骨、六月雪（白马骨）、金毛耳草（黄毛耳草）、铁苋菜、打破碗花花、薏苡（薏苡仁、薏苡根）、火炭母、酢浆草、白英（白毛藤）、梓（梓白皮）、柞木（柞木皮）、眼子菜、白背叶（白背叶根）、算盘子（算盘子根）、翠云草、雾水葛、小叶三点金草（碎米柴）、莲子草、显脉香茶菜（大叶蛇总管）、小槐花（青酒缸）、烟管荚蒾（羊屎条根）、刺苋（刺苋菜）、美人蕉（美人蕉根）、地果（地瓜藤）。

（五）温中散寒药

温中散寒药，也叫温里药，是指能消散阴寒之邪的药物，适用于寒邪内侵，阳气受困，或元阳衰微，阴寒内生之证。

张家界出产的温中散寒药植物有乌头（附子）、姜（干姜）、吴茱萸、山鸡椒（荜澄茄）、花椒、辣椒、茴香（小茴香）、木姜子、山姜。

（六）芳香化湿药

芳香化湿药是指具有芳香避浊、化湿醒脾作用的药物，适用于脾为湿困、运化失调而引起的各种病证。

张家界出产的芳香化湿药植物有藿香、佩兰、罗勒，均为栽培。

（七）理气药

理气药是指具有行气解郁、顺气降逆、舒畅气机的药物。它适用于脾胃气滞所致的脘腹胀闷、痞满疼痛、恶心呕吐，肺气壅滞所致的胸闷疼痛、痰嗽气喘，胃气上逆所致的呃逆、反胃、呕吐，肝气郁滞所致的胁肋胀痛、脘闷吞酸、月经不调等证。

张家界出产的理气药植物有柑橘（陈皮、青皮）、枳（枳实、枳壳）、香附子（香附）、薤白、厚朴、紫苏（紫苏梗）、柿（柿蒂）、佛手、金橘、刀豆、李（李根皮）、梧桐（梧桐子）、枫香树（枫香树叶）、野鸦椿（野鸦椿子）、玫瑰（玫瑰花）、绿萼梅、天师栗（娑罗子）、木通（八月札）、三叶木通（八月札）、白木通（八月札）。

（八）止血药

止血药是指能加速凝血过程、缩短凝血时间、制止体内外出血的药物，适用于咯血、吐血、衄血、便血、尿血、崩漏、紫癜及外伤出血等证。止血药可以分为凉血止血药、祛瘀止血药、收敛止血药、温经止血药等四类，凉血止血药适用于热邪侵营所致的失血，祛瘀止血药适用于跌打损伤及郁滞脉络所致的出血，收敛止血药适用于外伤出血及气虚不能摄血所致的出血，温经止血药适用于慢性病所致的虚寒性出血。

张家界出产的凉血止血药植物有刺儿菜（小蓟）、蓟（大蓟）、地榆、槐（槐花）、侧柏（侧柏叶）、白茅（白茅根）、苎麻（苎麻根）、羊蹄、巴天酸模（牛西西）、尼泊尔酸模（土大黄）、酸模、灯笼草（断血流）、风轮菜（断血流）、兖州卷柏、江南卷柏、鸡冠花、柿（柿叶）、蚕豆（蚕豆花）、荠（荠菜）、元宝草、山茶（山茶花）、血盆草。

张家界出产的祛瘀止血药植物有茜草、水烛（蒲黄）、香蒲（蒲黄）、卷柏、莲（莲房）、菊三七、费菜（景天三七）、白接骨、问荆、苏铁（铁树叶）。

张家界出产的收敛止血药植物有白及、龙芽草（仙鹤草）、白棠子树（紫珠）、莲（藕节）、棕榈（棕榈皮）、檵木（檵木叶）、落花生（花生衣）、马尾松（松花粉）、薯莨。

张家界出产的温经止血药植物有艾（艾叶）。多种蒿属（Artemisia）植物的叶在实践中也当作艾叶药用，张家界出产的包括野艾蒿、魁蒿、五月艾、红足蒿等。

（九）活血祛瘀药

活血祛瘀药是指具有流通血脉、祛除瘀血、改善循环作用的药物，适用于瘀血停滞或血行失畅所致的各种病证。

张家界出产的活血祛瘀药植物有川芎、丹参、桃（桃仁）、牛膝、益母草、地笋（泽兰）、紫荆（紫荆皮）、虎杖、凌霄（凌霄花）、月季花、奇蒿（刘寄奴）、马鞭草、漆（干漆）、华中五味子（血藤）、翼梗五味子（血藤）、铁箍散（小血藤）、香花崖豆藤（山鸡血藤）、凤仙花（急性子）、蚊母草（仙桃草）、水苦荬、李（李核仁）、蛇足石杉（千层塔）、狗筋蔓、扶芳藤、龙船花、飞龙掌血、杜鹃（杜鹃花）、卫矛（鬼箭羽）、掌裂叶秋海棠（水八角）、青荚叶（叶上珠）、中华青荚叶（叶上珠）。

（十）止咳化痰平喘药

止咳化痰平喘药是具有制止咳嗽、消除痰饮、平定气喘作用的药物的总称，可分为止咳平喘药、温化寒痰药、清化热痰药三类。止咳平喘药适用于外感咳嗽或内伤喘咳，温化寒痰药主治寒痰、湿痰证，清化热痰药主治热痰证。

张家界出产的止咳平喘药植物有大百部（百部）、紫苏（紫苏子）、桑（桑白皮）、枇杷（枇杷叶）、银杏（白果）、紫金牛（矮地茶）、鼠麴草、南天竹（南天竹子）、薄菜、牡荆（牡荆子）、黄荆（黄荆子）、千日红、薄片变豆菜（大肺筋草）、粉条儿菜（小肺筋草）、胡颓子（胡颓子叶）、双蝴蝶（肺形草）、白花泡桐（泡桐果）。

张家界出产的温化寒痰药有半夏、天南星、一把伞南星（天南星）、柚（化橘红）、旋覆花、芥菜（芥子）、皂荚、醉鱼草。

张家界出产的清化热痰药植物有前胡、紫花前胡（前胡）、天目贝母、百两金、瓜子金、土圞儿、日本蛇根草（蛇根草）、盐肤木（盐肤子）。

（十一）安神药

安神药就是以镇心安神为主要功能的药物，有重镇安神和养心安神之分，前者多为矿物或化石类药物，后者多为植物药。

张家界出产的安神药植物有侧柏（柏子仁）、合欢（合欢皮）、何首乌（夜交藤）、缬草。另外，张家界分布的山槐的树皮也可作合欢皮药用。

（十二）平肝息风药

平肝息风药，就是以平肝潜阳或息风止痉为主要作用的药物。它适用于肝阳上亢所致的眩晕、头痛，热盛生风引起的抽搐惊厥，以及中风引起的口眼歪斜、半身不遂等。

这类药物中矿物药和动物药居多，张家界出产的平肝息风药植物有天麻、钩藤、华钩藤（钩藤）、决明（决明子）。

（十三）涌吐药

涌吐药，就是能引起呕吐、促使有害物质吐出的药物，也叫催吐药。

张家界出产的涌吐药植物有藜芦、常山、甜瓜（瓜蒂）、石蒜。

（十四）泻下药

泻下药，就是能引起腹泻、润滑肠道，促使排便的药物。它可分为攻下逐水和润肠通便两类，前者泻下作用猛烈，后者作用缓和。

张家界出产的攻下逐水药植物有大戟、牵牛（牵牛子）、圆叶牵牛（牵牛子）、芦荟、乌桕（乌桕根皮）、泽漆、腹水草、商陆、垂序商陆（商陆）、鸢尾。

润肠通便药多为植物类的种子或种仁，如火麻仁、郁李仁等，张家界不出产这些药材的原植物，但载于其他类别的一些药物兼有润肠通便的功效，这些植物是栝楼（瓜蒌仁）、桃（桃仁）、侧柏（柏子仁）、决明（决明子）、马尾松（松子仁）等。

（十五）消食药

消食药，也叫消导药，就是能消化饮食、导行积滞的药物，适用于消化不良、饮食积滞所致的脘腹胀满、嗳气吞酸、恶心呕吐、大便失常等证。

张家界出产的消食药植物有萝卜（莱菔子）、鸡矢藤、隔山消、糯米团。

（十六）开窍药

开窍药就是以开窍醒神为主要功效的药物，适用于热病邪内陷心包或痰浊瘀血等实邪阻闭心窍所致的神志昏迷、不省人事、牙关紧闭等。

这类药用植物张家界分布不多，主要有石菖蒲、菖蒲（水菖蒲）。

（十七）收涩药

收涩药，就是以收敛固涩为主要功效的药物，可分为敛汗、涩肠、固精三类。敛汗药用于自汗、盗汗，涩肠药用于久痢久泻，固精药用于遗精、遗尿、白浊、带下等证。

张家界出产的收涩药植物有华中五味子（南五味子）、石榴（石榴皮）、金樱子、糯稻（糯稻根）、桃（碧桃干）、臭椿（椿白皮）、莲（莲子）、截叶铁扫帚（夜关门）、南烛（南烛子）。此外，张家界还盛产五倍子，五倍子是五倍子蚜虫寄生在盐肤木属植物的叶上形成的虫瘿，张家界各地所产盐肤木属植物为盐肤木、红麸杨。

（十八）补益药

补益药，就是能补益正气，增强抗病能力，治疗各种虚弱证候的药物。补益药有补气药、补血药、补阴药、补阳药之分，分别用于气虚、血虚、阴虚、阳虚之证。

张家界出产的补气药植物有薯蓣（山药）、扁豆、枣（大枣）、土人参、金钱豹（土党参）、峨参、蓝花参、羊乳（四叶参）。

张家界出产的补血药植物有当归、地黄（熟地黄）、何首乌、桑（桑葚）。

张家界出产的补阴药植物有杏叶沙参（南沙参）、麦冬、天门冬、玉竹、多花黄精（黄精）、百合、卷丹（百合）、枸杞、女贞（女贞子）、鳢肠（墨旱莲）、绶草（盘龙参）、芝麻（黑芝麻）。

张家界出产的补阳药植物有杜仲、仙茅、淫羊藿、胡桃（核桃仁）、菟丝子、川续断（续断）、槲蕨（骨碎补）、鹿蹄草（鹿衔草）、韭（韭菜子）、构树（楮实子）、华萝摩、薜荔（木馒头）。

（十九）驱虫药

驱虫药就是祛除或者杀灭人体肠道寄生虫的药物，用于蛔虫、绦虫、蛲虫、钩虫、姜片虫等所致疾患。

张家界出产的驱虫药植物有榧树（榧子）、楝（苦楝皮）、天名精（鹤虱）、野胡萝卜（南鹤虱）、龙芽草（仙鹤草根芽）、南瓜（南瓜子）、石榴（石榴根皮）、土荆芥、紫萁、蒜（大蒜）。

（二十）外用药

外用药，就是以外用为主，通过与体表局部直接接触而起治疗作用的药物。这类药物通常具有排脓拔毒、去腐生肌、发泡、敛疮、止痛、止痒、止血等作用，用于痈疽、疔疮、瘰疬、丹毒、疥癣、外伤、蛇伤、烫伤等证。外用药中矿物药、动物药居多，植物中也有不少这方面的药物。

张家界出产的外用药植物有蛇床（蛇床子）、蓖麻（蓖麻子）、毛茛、石龙芮、博落回、野芋、紫堇、滴水珠、木芙蓉（木芙蓉叶）、桃（桃叶）、槐（槐白皮）、金钱松（土槿皮）、木槿（木槿皮）、木鳖子、油桐（桐油）、马尾松（松香）、樟（樟脑）。

二、从现代药理的视角了解张家界药用植物资源

人们运用现代科学的理论和方法对中草药的具体作用及作用机制进行的研究，就是中草药的现代药理作用研究。现代药理作用研究在很大程度上验证了我国中医药传统应用的科学性，如侧柏、地榆、龙芽草（仙鹤草）、地锦草、白茅（白茅根）、白及、香蒲（蒲黄）等属于传统中医药的止血药，这些植物的止血作用在现代药理作用研究中同样得到了验证。此外，通过现代药理作用研究，人们能进一步发现中草药的许多新用途，从而为扩大中草药的应用范围提供科学依据。下面我们就从中草药药理作用的视角了解和认识张家界的药用植物资源。

（一）抗菌类药用植物

抗菌类药物，包括抗金黄色葡萄球菌、溶血性链球菌、肺炎双球菌、脑膜炎双球菌、肠炎杆菌、大肠杆菌、痢疾杆菌、伤寒杆菌、副伤寒杆菌、结核杆菌、致病性皮肤真菌等多种细菌的药物。有的植物对一种或几种细菌有杀灭或抑制作用；有的抗菌范围广泛，属广谱抗菌药物。

张家界出产的抗菌类药用植物有艾（艾叶）、白蜡树（秦皮）、白莲蒿、百蕊草、博落回、薄荷、草珊瑚（肿节风）、川黄檗（黄柏）、垂序商陆（商陆）、酢浆草、打破碗花花、地耳草（田基黄）、地桃花、盾果草、蜂斗菜、高粱泡、杠板归、海金沙、豪猪刺、厚朴、虎杖、黄连、活血丹（连钱草）、火炭母、蕺菜（鱼腥草）、蓟（大蓟）、九头狮子草、金荞麦、井栏边草、爵床、阔叶十大功劳、老鹳草、龙芽草、葎草、马齿苋、马蹄金、马鞭草、猫爪草、泥胡菜、蒲公英、千里光、忍冬（金银花）、三脉紫菀、蛇莓、蛇含委陵菜、十大功劳、石胡荽（鹅不食草）、石韦、蒜（大蒜）、碎米桠（冬凌草）、土茯苓、土牛膝、乌蔹莓、喜旱莲子草、细叶水团花（水杨梅）、小蜡、血水草、雪胆、野菊（野菊花）、叶下珠、一枝黄花、苎麻、紫花地丁、紫茉莉、紫萁等。

（二）抗病毒类药用植物

抗病毒类药物，是指对流感病毒、疱疹病毒、脊髓灰质炎病毒、柯萨奇病毒、埃可病毒、腮腺炎病毒等有杀灭或者抑制作用的药物。

张家界出产的抗病毒类药用植物包括翠云草、川黄檗（黄柏）、垂序商陆（商陆）、多花黄精（黄精）、飞龙掌血、榧树、虎杖、华重楼（重楼）、黄连、黄蜀葵、蕺菜（鱼腥草）、阔叶十大功劳、蜡莲绣球（土常山）、老鹳草、牛蒡（牛蒡子）、佩兰、七叶一枝花（重楼）、千金藤、射干、十大功劳、石榴、石蒜、乌蔹莓、喜旱莲子草、细叶水团花（水杨梅）、月季花、紫花地丁、紫萁等。

（三）对呼吸系统有作用的药用植物

对呼吸系统有作用的药物，主要指具有止咳、化痰、平喘作用的药物。

张家界出产的这类药用植物有艾（艾叶）、白簕（刺三甲）、白薇、百合、半夏、苍耳（苍耳子）、侧柏（侧柏叶）、车前、垂序商陆（商陆）、翠云草、大百部（百部）、淡竹叶、灯台树、吊石苣苔（石吊兰）、杜鹃、佛光草（湖广草）、华重楼（重楼）、吉祥草、截叶铁扫帚（夜关门）、栝楼（瓜蒌）、杠板归、黄荆（黄荆子）、蒮菜、吉祥草、金荞麦、九头狮子草、荔枝草、龙葵、路边青（蓝布正）、落新妇（红升麻）、马兰、牡荆（牡荆叶、牡荆子）、牛尾菜、枇杷（枇杷叶）、七叶一枝花（重楼）、漆姑草、千日红、射干、石韦、三脉紫菀、鼠麹草、天门冬、天目贝母、天南星、铁线蕨、小叶三点金草、旋覆花、一把伞南星（天南星）、一枝黄花、云实、紫金牛（矮地茶）等。

（四）对神经系统有作用的药用植物

对神经系统有作用的药物，是指具有麻醉、镇静、催眠、抗惊厥和镇痛抗炎等作用的药物。

张家界出产的具麻醉作用的药用植物有博落回、风龙（青风藤）、花椒、黄连、鸡矢藤、曼陀罗、乌头（川乌）、细辛等。

张家界出产的具抗惊厥作用的药用植物有白蜡树（秦皮）、华钩藤（钩藤）、钩藤、接骨木、桑（桑白皮）、石菖蒲、天麻、天南星、缬草、枳椇等。

张家界出产的具镇静、催眠作用的药用植物有艾（艾叶）、垂柳、地笋（泽兰）、费菜（景天三七）、瓜子金、合欢（合欢皮）、何首乌、钩藤、华钩藤（华钩藤）、积雪草、绞股蓝、路边青（蓝布正）、石菖蒲、石蒜、天麻、问荆、缬草、仙茅、血水草、延胡索、枳椇、紫苏、竹节参等。

张家界出产的具抗炎、镇痛作用的药用植物有白蜡树（秦皮）、薄荷、车前、臭牡丹、川黄檗（黄柏）、垂序商陆（商陆）、大血藤、丹参、单叶铁线莲（雪里开）、地笋（泽兰）、吊石苣苔（石吊兰）、冬青（四季青）、杜鹃兰（山慈菇）、多花黄精（黄精）、飞龙掌血、凤毛菊、枫香树（路路通）、粉防己、风龙（青风藤）、枸杞（地骨皮）、瓜叶乌头、过路黄（金钱草）、海州常山（臭梧桐）、豪猪刺、黑老虎、红根草、槲蕨（骨碎补）、黄独（黄药子）、黄蜀葵、鸡矢藤、蕺菜（鱼腥草）、荠（荠菜）、姜（生姜）、接骨木、金荞麦、开口箭、刻叶紫堇、苦参、苦蘵、宽叶荨麻、阔叶十大功劳、楝（苦楝皮）、琉璃草、龙芽草（仙鹤草）、路边青（蓝布正）、落新妇（红升麻）、马鞭草、马兰、马樱丹、木防己、木芙蓉、木瓜、牛皮消、女贞（女贞子）、佩兰、漆姑草、日本水龙骨（水龙骨）、三白草、三叶委陵菜、桑（桑白皮）、射干、十大功劳、石松（伸筋草）、石胡荽（鹅不食草）、天门冬、土茯苓、天南星、天麻、威灵仙、乌蔹莓、乌头（附子）、吴茱萸、豨莶、细辛、仙茅、显齿蛇葡萄、香附子（香附）、香蒲（蒲黄）、徐长卿、血水草、鸭儿芹、延胡索、野鸦椿、一把伞南星（天南星）、益母草、柚（化橘红）、鸢尾、皂荚、栀子、竹节参、紫花地丁、紫荆（紫荆皮）等。

（五）对心血管疾病有作用的药用植物

对心血管疾病有作用的药物，是指具有强心、加速或减慢心率、抗心律不齐、抗心绞痛、升高或降血压、扩张血管、降血脂及抗动脉硬化等方面的药物。

张家界出产的有强心作用的药用植物有白薇、杜仲、多花黄精（黄精）、龙葵、络石（络石藤）、麦冬、绵枣儿、女贞（女贞子）、乌头（附子）、万年青、细辛、夏枯草、仙茅等。

张家界出产的抗心律不齐的药用植物有菖蒲、苦参、黄花蒿（青蒿）、黄连、黄杨、爵床、麦冬、木防己、南酸枣、粟米草、天南星、铁冬青（救必应）等。

张家界出产的具有升高血压作用的药用植物有艾（艾叶）、八角枫、白蜡树（秦皮）、刺儿菜（小蓟）、柑橘（陈皮、青皮）、马齿苋、细辛等。

张家界出产的具降血压作用的药用植物有萹蓄、苍耳（苍耳子）、常山、川黄檗（黄柏）、川芎、垂柳、吊石苣苔（石吊兰）、杜仲、葛（葛根）、钩藤、枸杞（地骨皮）、海州常山（臭梧桐）、红根草、红毛七、华钩藤、黄连、槐（槐花）、蓟（大蓟）、锦鸡儿（金雀根）、决明（决明子）、苦树（苦木）、水蓼（辣蓼）、蜡莲绣球（土常山）、藜芦、龙葵、龙芽草（仙鹤草）、木防己、蒜（大蒜）、石蒜、望春玉兰（辛夷）、问荆、武当玉兰（辛夷）、豨莶、夏枯草、羊乳（四叶参）、野菊（野菊花）、玉兰（辛夷）、猪殃殃等。

张家界出产的可以扩张冠状动脉、增加冠脉流量的药用植物有丹参、菟丝子、向日葵、缬草、野菊等。

张家界出产的具有降血脂作用的药用植物有垂柳、多花黄精（黄精）、盾叶薯蓣、榿树、葛（葛根）、枸杞（地骨皮）、何首乌、火棘、姜（生姜）、绞股蓝、接骨木、金荞麦、马齿苋、牛皮消、女贞（女贞子）、天蓝苜蓿、卫矛、问荆、仙人掌、香蒲（蒲黄）、野蔷薇、野燕麦、阴行草、紫花地丁等。

（六）对血液和造血系统有作用的药用植物

对血液和造血系统有作用的药物，是指具有增加红细胞及血红蛋白、升高白细胞、升高血小板、促进凝血止血等方面作用的药物。

张家界出产的能促进造血功能、增加红细胞及血红蛋白的药用植物有杜鹃兰（山慈菇）、何首乌（制首乌、首乌藤）、羊乳（四叶参）、枣（大枣）等。

张家界出产的能够升高白细胞的药用植物有丹参、虎杖、石韦、多花黄精、女贞（女贞子）、杠板归、淫羊藿、苦参、龙葵等。

张家界出产的能够升高血小板的药用植物有枣（大枣）、羊蹄（羊蹄根）、白及、龙芽草（仙鹤草）、川黄檗（黄柏）、杠板归、茜草、女贞（女贞子）等。

张家界出产的具有凝血止血作用的药用植物有艾（艾叶）、巴天酸模、白及、白茅（白茅根）、侧柏（侧柏叶）、刺儿菜（小蓟）、地锦草、地榆、灯笼草（断血流）、风轮菜（断血流）、费菜（景天三七）、槐（槐花）、鸡冠花、荠（荠菜）、檵木、蓟（大蓟）、江南卷柏、金钱松（土槿皮）、菊三七、鳢肠（墨旱莲）、邻近风轮菜（剪刀草）、龙芽草（仙鹤草）、柿（柿叶）、薯莨、铁冬青（救必应）、小果蔷薇、香蒲（蒲黄）、羊蹄、栀子、紫苏等。

张家界出产的抗凝血作用的药用植物有草木犀、川芎、丹参、地笋（泽兰）、葛（葛根）、龙葵、过路黄（金钱草）、血盆草、茵陈蒿等。

（七）对消化系统有作用的药用植物

对消化系统有作用的药物，是指具有促进或抑制唾液腺分泌、促进或抑制消化液分泌、兴奋或者抑制胃肠平滑肌、制酸与抗溃疡、催吐、镇吐（止呕）、泻下、止泻、利胆、降低丙氨酸转氨酶、保肝等方面作用的药物。

张家界出产的促进胃液分泌的药用植物有柑橘（陈皮）、花椒、厚朴、华中五味子、积雪草、姜（生姜）、金樱子、石菖蒲、吴茱萸、野扇花、紫苏等。

张家界出产的有催吐作用的药用植物有半边莲、常山、蜡莲绣球（土常山）、藜芦、石蒜、甜瓜（瓜蒂）等。

张家界出产的有镇吐（止呕）作用的药用植物有半夏、地榆、姜（生姜）、芦苇（芦根）、柿（柿蒂）、吴茱萸、旋覆花等。

张家界出产的有利胆作用、促进胆汁分泌的药用植物有白莲蒿、半边莲、薄荷、川黄檗（黄柏）、刺儿菜（小蓟）、地笋（泽兰）、柑橘（陈皮）、过路黄（金钱草）、海金沙、黄连、活血丹（连钱草）、马齿苋、美人蕉、蒲公英、十大功劳、天麻、威灵仙、缬草、阴行草、茵陈蒿、栀子等。

张家界出产的具有降低丙氨酸转氨酶活性的药用植物有垂盆草、丹参、地耳草（田基黄）、华中五味子、红根草、豨莶、野菊（野菊花）等。

张家界出产的具有保肝作用的药用植物有白背叶、白蜡树（秦皮）、白莲蒿、白薇、白英、博落回、扯根菜（赶黄草）、垂盆草、丹参、地笋（泽兰）、葛（葛根）、构棘（穿破石）、何首乌、黑老虎、虎杖、金荞麦、绞股蓝、接骨草（陆英）、九头狮子草、决明（决明子）、鳢肠（墨旱莲）、荔枝草、六月雪、芦苇（芦根）、露珠珍珠菜、美人蕉、猕猴桃、女贞（女贞子）、马蹄金、三白草、蛇葡萄、水芹、蒲公英、菟丝子、香瓜（瓜蒂）、喜旱莲子草（空心苋）、缬草、旋覆花、鸭儿芹、鸭跖草、叶下珠、阴行草（北刘寄奴）、茵陈蒿、银杏（银杏叶）、枣（大枣）、中华小苦荬、栀子、枳椇、皱皮木瓜（木瓜）等。

张家界出产的具有泻下作用的药用植物有大戟、侧柏（柏子仁）、车前、栝楼（瓜蒌仁）、何首乌（生首乌）、胡桃（核桃仁）、虎杖、决明（决明子）、牵牛（牵牛子）、商陆、桃（桃仁）、乌桕、油桐等。

张家界出产的具有止泻作用的药用植物有地榆、金樱子、老鹳草、路边青（蓝布正）、石榴（石榴皮）等。

（八）对泌尿系统有作用的药用植物

对泌尿系统有作用的药物，是指有利尿、抗利尿、促进尿酸盐排泄（抗痛风）、排出或消除尿路结石等方面作用的药物。

张家界出产的有利尿作用的药用植物有白茅（白茅根）、半边莲、白蜡树（秦皮）、萹蓄、博落回、车前、垂序商陆（商陆）、大戟、淡竹叶、地肤（地肤子）、杜仲、粉防己、海金沙、蕺菜（鱼腥草）、蓟（大蓟）、接骨木、苦参、芦苇（芦根）、马蹄金、木通、牛至、牵牛（牵牛子）、桑（桑白皮）、石韦、通脱木（通草）、土茯苓、小木通（川木通）、万年青、夏枯草、萱草（萱草根）、益母草、茵陈蒿、月季花等。

张家界出产的抗利尿作用的药用植物有柑橘（陈皮）、土牛膝等。

张家界出产的促进尿酸盐排泄、具抗痛风作用的药用植物有白蜡树（秦皮）、车前、川黄檗（黄柏）、杜鹃兰（山慈菇）、土茯苓、豨莶等。

张家界出产的具有排除或消除尿路结石的药用植物有过路黄（金钱草）、

活血丹（连钱草）等。

（九）对内分泌生殖系统有作用的药用植物

对内分泌生殖系统有作用的药物，是指具有兴奋性腺机能、促进或抑制乳汁分泌、促进或抑制子宫收缩、抗生育、抗甲状腺肿大等方面作用的药物。

张家界出产的具有兴奋性腺机能的药用植物有丹参、杜仲、菟丝子、仙茅、香附子、淫羊藿等。

张家界出产的能够促进乳腺发育和乳汁分泌的药用植物有川续断、马鞭草、蒲公英、通脱木（通草）、羊乳（四叶参）等。

张家界出产的能够促进子宫收缩的药用植物有艾（艾叶）、常山、川芎、枸杞（地骨皮）、华中五味子、黄连、檵木、马齿苋、茜草、忍冬（金银花）、桑（桑白皮）、石蒜、薯莨、水蓼（辣蓼）、吴茱萸、夏枯草、香花崖豆藤（昆明鸡血藤）、香蒲（蒲黄）、益母草、皂荚（皂角刺）、枳椇等。

张家界出产的能够抑制子宫收缩的药用植物有香附子（香附）、川续断、杜仲等。

张家界出产的能够抗生育的药用植物有八角枫、半夏、蚕茧草、川黄檗（黄柏）、粗糠柴、苦瓜、鹿藿、千日红、粟米草、土牛膝、威灵仙、喜树、朱槿（扶桑）等。

张家界出产的能够抗甲状腺肿大的药用植物有黄独（黄药子）。

（十）对代谢有作用的药用植物

对代谢有作用的药物，包括能增强基础代谢、降低或升高血糖的药物。

张家界出产的能够增强基础代谢的药用植物有茶（茶叶）、牛蒡（牛蒡子）等。

张家界出产的能够降低血糖的药用植物有百合、苍耳（苍耳子）、长春花、川黄檗（黄柏）、地肤（地肤子）、多花黄精（黄精）、葛（葛根）、风轮菜、枸杞（地骨皮）、黄连、吉祥草、绞股蓝、接骨木、金荞麦、苦瓜、龙芽草（仙鹤草）、马齿苋、麦冬、牛蒡（牛蒡子）、女贞（女贞子）、青葙（青葙子）、三白草、桑（桑白皮）、石榴、石韦、薯蓣（山药）、水芹、天门冬、乌头、夏枯草、仙人掌、旋覆花、一年蓬、玉竹、朱槿、紫茉莉等。

张家界出产的能够升高血糖的药用植物有白蜡树（秦皮）、淡竹叶、柑橘

（陈皮）、栝楼（天花粉）、华中五味子、槐（槐花、槐米）、姜（生姜）、龙葵、路边青（蓝布正）、麦冬、羊乳（四叶参）、紫苏等。

（十一）具有解热作用的药用植物

具有解热作用的药物，是指通过发汗达到解热目的及通过调节体温中枢达到解热目的的药物。

张家界出产的具有解热作用的药用植物有白薇、薄荷、常山、淡竹叶、葛（葛根）、黄花蒿（青蒿）、黄连、枸杞（地骨皮）、金荞麦、芦竹、落新妇（红升麻）、牛蒡（牛蒡子）、石蒜、酸浆、威灵仙、乌蔹莓、细辛、鸭跖草、茵陈蒿（茵陈）、栀子等。

（十二）具有抗过敏作用的药用植物

能够消除和减轻过敏证状的药物就是抗过敏药物。

张家界出产的能够抗过敏的药用植物有艾（艾叶）、薄荷、地肤（地肤子）、杜鹃、柑橘（陈皮）、葛（葛根）、花椒、黄连、苦参、龙葵、忍冬（忍冬藤）、石韦、鼠麴草、卫矛、细辛、徐长卿、淫羊藿、栀子、紫金牛（矮地茶）等。

（十三）具有抗肿瘤作用的药用植物

抗肿瘤的药物，是指体内外试验证明能抑制癌细胞，有抗肿瘤作用的药物。

张家界出产的能够抗肿瘤的药用植物有矮桃（珍珠菜）、艾（艾叶）、八角莲、巴东过路黄、白及、白蔹、白英、百合、半边莲、半边旗、抱茎小苦荬、篦子三尖杉、草珊瑚（肿节风）、长春花、臭椿（樗白皮）、川黄檗（黄柏）、刺儿菜、粗榧、刀豆、地黄、冬青（四季青）、盾叶薯蓣、杜鹃兰（山慈菇）、榧树、粉防己、葛（葛根）、栝楼（瓜蒌）、茴香（小茴香）、虎耳草、虎杖、黄独（黄药子）、黄连、绞股蓝、接骨木、金毛耳草、金丝桃、金钱松（土槿皮）、金荞麦、井栏边草（凤尾草）、积雪草、接骨木、开口箭、苦苣菜、苦参、龙葵、龙芽草（仙鹤草）、鹿藿、马鞭草、马樱丹、魔芋、南方红豆杉、牛蒡（牛蒡子）、牛皮消、蒲儿根、漆姑草、千金藤、三白草、三尖杉、蛇莓、深绿卷柏（石上柏）、石胡荽（鹅不食草）、石榴、石蒜、绶草（盘龙参）、碎米桠（冬凌草）、天胡荽、天南星、土茯苓、王瓜、威灵仙、乌头、豨莶、喜树、细叶水团花（水杨梅）、细柱五加（五加皮）、夏枯草、薤白、徐长卿、旋覆花、雪胆、一把伞南星（天南星）、银杏（银杏叶）、玉竹、元宝草、月季花、皂荚、枣（大枣）、泽漆、中华猕猴桃、中华小苦荬、枳椇、栀子、皱皮木瓜（木瓜）、紫茉莉等。

（十四）具有抗氧化和抗衰老作用的药用植物

人在与外界的持续接触中，体内会不断产生氧化自由基。抗氧化作用的药物，就是能有效抑制自由基氧化反应的药物，目的是促进人的健康，延缓人的衰老过程。

张家界出产的具有抗氧化和抗衰老作用的药用植物有百合、川黄檗（黄柏）、川续断（续断）、丹参、地黄、地锦草、地桃花、多花黄精（黄精）、佛甲草、柑橘（陈皮）、葛（葛根）、构树（楮实子）、何首乌、槲蕨（骨碎补）、虎杖、黄连、火棘、姜（生姜）、绞股蓝、接骨木、金樱子、鳢肠（墨旱莲）、马齿苋、猕猴桃、青葙（青葙子）、牛皮消、女贞（女贞子）、千里光、射干、石榴、绶草（盘龙参）、薯蓣（山药）、天蓝苜蓿、天麻、天门冬、通脱木（通草）、土人参、菟丝子、吴茱萸、小果蔷薇、薤白、鸭跖草、野雉尾金粉蕨（小野鸡尾）、银粉背蕨、银杏（白果、银杏叶）、油茶（油茶籽）、月季花、中华小苦荬、紫花地丁等。

（十五）具有治疗蛇伤作用的药用植物

治疗蛇伤的药物，就是能够解除各种蛇毒、治疗毒蛇咬伤的药物。

张家界出产的治疗蛇伤的药物有八角莲、半边莲、滴水珠、苦树（苦木）、葎草、青牛胆（金果榄）、小八角莲（八角莲）、徐长卿、朱砂根等。

（十六）具有驱虫作用的药用植物

驱虫的药物，就是能够杀灭蛔虫、蛲虫、绦虫、钩虫、丝虫、鞭毛虫等肠道寄生虫的药物。

张家界出产的驱虫的药用植物有萹蓄、博落回、常山、粗糠柴、大百部（百部）、丹参、榧树（榧子）、贯众、厚朴、花椒、黄花蒿（青蒿）、苦参、楝（苦楝皮）、龙芽草（仙鹤草根芽）、马鞭草、南瓜（南瓜子）、牵牛（牵牛子）、三尖杉（三尖杉种子）、石榴（石榴皮）、石蒜、蒜（大蒜）、天名精（鹤虱）、土荆芥、万寿菊、威灵仙、乌桕、吴茱萸、萱草（萱草根）、旋覆花、薏苡（薏苡根）、栀子、紫萁等。

（十七）具有抗原虫作用的药用植物

抗原虫的药物，是指有抗疟原虫、阿米巴原虫、阴道滴虫的药物。

张家界出产的能够抗疟原虫的药用植物有常山、川黄檗（黄柏）、地耳草（田基黄）、地榆、冬青（四季青）、黄花蒿（青蒿）、黄荆（黄荆叶）、黄连、蜡莲绣球（土常山）、龙芽草（仙鹤草）、马鞭草、蘋、石蒜、威灵仙、豨莶等。

张家界出产的能够抗阿米巴原虫的药用植物有白蜡树（秦皮）、大百部（百部）、地锦草、黄连、井栏边草（凤尾草）、苦参、鳢肠（墨旱莲）、马齿苋、山鸡椒（荜澄茄）、铁苋菜等。

张家界出产的能够抗阴道滴虫的药用植物有薄荷、黄连、鸡冠花、苦参、楝（苦楝根皮）、龙芽草（仙鹤草）、萝卜（莱菔子）、桃（桃叶）、皂荚（皂角）等。

（十八）具有骨形成作用的药用植物

具有骨形成作用的药物，是指对成骨样细胞有促进增殖作用，能加速骨折愈合，防治骨质疏松证的药物。

张家界出产的具有骨形成作用的药用植物有枸杞（地骨皮）、丹参、杜仲、何首乌（制首乌）、槲蕨（骨碎补）、槲寄生、黄连、宽叶荨麻、接骨草、接骨木、藜芦、天门冬、仙茅、淫羊藿等。

三、张家界药用植物资源选介

（一）八角莲（Dysosma versipellis）

【来源】小檗科鬼臼属植物，根茎药用。

【形态特征】多年生草本，植株高 40～150 cm。根状茎粗壮，横生，多须根；茎直立，不分枝。茎生叶 2 枚，薄纸质，互生，盾状，直径达 30 cm，4～9 掌状浅裂，裂片阔三角形、卵形或卵状长圆形，长 2.5～4 cm，基部宽 5～7 cm，先端锐尖，叶脉明显隆起，边缘具细齿。花梗纤细、下弯、被柔毛；花深红色，5～8 朵簇生于离叶基部不远处，下垂；萼片 6，长圆状椭圆形，先端急尖；花瓣 6，勺状倒卵形，雄蕊 6。浆果椭圆形，长约 4 cm，直径约 3.5 cm。种子多数。花期 3—6 月，果期 5—9 月。（图 2.1）

图 2.1　八角莲

【分布与生境】产自慈利五雷山、桑植八大公山，生于山地阔叶林下、溪旁阴湿处。

【化学成分】含鬼臼毒素、脱氧鬼臼毒素、黄耆甙、金丝桃甙、槲皮素、山奈酚、谷甾醇。

【药理作用】药理研究表明，本品有扩张血管的作用，对平滑肌有抑制作用，具有抗蛇毒、抗肿瘤、抗病毒作用。

【功能主治】清热解毒，活血散瘀。适用于毒蛇咬伤，跌打损伤；外用治蛇虫咬伤，疮疖痈肿，淋巴结炎，腮腺炎，乳腺癌。

【通识拓展】张家界还产小八角莲（Dysosma difformis）（图 2.2），其分布更为广泛，桑植天平山，武陵源，永定区天门山、石长溪林场等地均有分布，用途与八角莲相同。

图 2.2　小八角莲

（二）百合（Lilium brownii var. viridulum）

【来源】百合科百合属植物，药用鳞茎。

【形态特征】鳞茎球形，直径 2 ~ 4.5 cm；鳞片披针形，长 1.8 ~ 4 cm，宽 0.8 ~ 1.4 cm，无节，白色。茎高 0.7 ~ 2 m，叶散生，叶倒披针形至倒卵形，长 7 ~ 15 cm，宽 1.5 ~ 2 cm，先端渐尖，基部渐狭，全缘。花单生或几朵排成近伞形；花梗长 3 ~ 10 cm；花喇叭形，有香气，乳白色，外面稍带紫色，长 13 ~ 18 cm；雄蕊 6，比花被裂片短；花药丁字形着生，花丝细弱；花柱长，柱头 3 裂。蒴果矩圆形，3 室，具多数种子。花期 5—7 月，果期 8—10 月。（图 2.3、图 2.4）

图 2.3　百合（1）　　　　　　　　　图 2.4　百合（2）

【分布与生境】全市各地均产，生于山地草坡、疏林下。

【化学成分】生物碱、多糖类、皂苷类、磷脂类。

【药理作用】药理研究表明，本品有止咳平喘作用，增强免疫作用，抗肿瘤作用，降血糖作用，抗氧化作用。

【功能主治】养阴润肺，清心安神。适用于阴虚燥咳，痨嗽咳血，虚烦惊悸，失眠多梦，精神恍惚。

【通识拓展】张家界还产多种百合属植物，鳞茎均可作百合入药。① 大理百合（Lilium taliense），永定区天门山有少量分布。② 湖北百合（Lilium henryi），慈利县张家界大峡谷、永定区天门山有分布。（图 2.5）③ 卷丹（Lilium lancifolium），桑植县四方溪有分布，永定区三家馆乡近年有栽培。（图 2.6）

图 2.5　湖北百合　　　　　　　　　图 2.6　卷丹

④ 南川百合（Lilium rosthornii）永定区喻家溪林场、天门山镇后山溪有分布。
⑤ 药百合（Lilium speciosum var. gloriosoides），桑植县陈家河镇耳洞坪有分布。⑥ 野百合（Lilium brownii），全市各地均产。百合属植物是药食同源的植物，鳞茎不仅可以药用，也可以食用。

（三）川黄檗（Phellodendron chinense）

【来源】芸香科黄檗属植物。药用树皮，药材名黄柏。

【形态特征】树高达 15 m。成年树有厚、纵裂的木栓层，内皮黄色。叶轴及叶柄粗壮，有小叶 7 ~ 15 片，小叶纸质，长圆状披针形或卵状椭圆形，长 8 ~ 15 cm，宽 3.5 ~ 6 cm，顶部短尖至渐尖，基部阔楔形至圆形。两侧通常略不对称，边全缘或浅波浪状；小叶柄长 1 ~ 3 mm。花序顶生，花通常密集，花序轴粗壮。果多数密集成团，果的顶部呈略狭窄的椭圆形或近圆球形，径约 1 cm 或大的达 1.5 cm，蓝黑色。花期 5—6 月，果期 9—11 月。（图 2.7）

图 2.7　川黄檗

【分布与生境】野生种生于海拔 900 m 以上的杂木林中，全市各地农村房前屋后广泛种植。

【化学成分】小檗碱、木兰花碱、黄柏碱、掌叶防己碱、巴马汀、黄柏内酯、黄柏酮、胡萝卜苷甾醇等。

【药理作用】药理研究表明，本品具有降糖、降压作用，抑菌、抗炎作用，抗癌作用，抗溃疡作用，抗氧化作用，抗痛风作用等。

【功能主治】清热燥湿，泻火解毒。适用于湿热痢疾，泄泻，黄疸，淋浊，带下，骨蒸劳热，口舌生疮，目赤肿痛，痈疽疮毒，皮肤湿疹。

【通识拓展】川黄檗的主要成分为小檗碱。张家界含小檗碱的药用植物还有毛茛科黄连属植物黄连，唐松草属多种植物如大叶唐松草（Thalictrum faberi）、多枝唐松草（Thalictrum ramosum），小檗科十大功劳属多种植物如阔叶十大功劳（Mahonia bealei）、宽苞十大功劳（Mahonia eurybracteata）等。

（四）川续断（Dipsacus asper）

【来源】川续断科川续断属植物。药用根，药材名续断。

【形态特征】多年生草本，高达 2 m；主根 1 条或在根茎上生出数条，圆柱形，稍肉质；茎中空，具 6～8 条棱，棱上疏生下弯硬刺。基生叶稀疏丛生，叶片琴状羽裂，长 15～25 cm，宽 5～20 cm，顶端裂片大，两侧裂片 3～4 对，倒卵形或匙形；茎生叶在茎之中下部为羽状深裂，中裂片披针形；基生叶和下部的茎生叶具长柄，向上叶柄渐短，上部叶披针形。头状花序球形，总花梗长达 55 cm；总苞片 5～7 枚，叶状，披针形或线形；小苞片倒卵形；小总苞四棱倒卵柱状；花萼四棱、皿状；花冠淡黄色或白色，花冠管长 9～11 mm，基部狭缩成细管，顶端 4 裂；雄蕊 4，着生于花冠管上，超出花冠，花丝扁平，花药椭圆形，紫色；子房下位，花柱通常短于雄蕊，柱头短棒状。瘦果长倒卵柱状，包藏于小总苞内，长约 4 mm。花期 7—9 月，果期 9—11 月。（图 2.8、图 2.9）

图 2.8　川续断（1）　　　　图 2.9　川续断（2）

【分布与生境】分布在海拔 500 m 以上的沟边草丛和林下。

【化学成分】根含环烯醚萜糖苷、三萜皂苷、挥发油、生物碱、蔗糖、胡萝卜苷、β-谷甾醇等。

【药理作用】药理研究表明，本品有明显的正性肌力作用，抗菌作用，抗骨质疏松作用，抑制子宫收缩的作用，提高耐缺氧能力的作用，抗氧化作用等。

【功能主治】补肝肾，强筋骨，续折伤，止崩漏。用于腰膝酸软，风湿痹痛，崩漏，胎漏，跌扑损伤。

【通识拓展】永定区天门山南侧还产川续断属植物日本续断（Dipsacus japonicus），分布海拔比川续断低，含三萜皂苷等成分。

（五）大百部（Stemona tuberosa）

【来源】百部科百部属植物。药用块根，药材名百部。

【形态特征】块根通常纺锤状，数个至数十个簇生，15～30 cm。茎常具少数分枝，攀援状，下部木质化；叶对生或轮生，极少互生，卵状披针形、卵形或宽卵形，长 8～30 cm，宽 2～10 cm，先端渐尖至短尖，基部浅心形，边缘稍波状，叶脉 7～11 条。花单生或 2～3 朵排成总状花序，花被片成 2 轮，黄绿色带紫色脉纹，雄蕊紫红色，附属物呈钻状。蒴果倒卵形而扁，具多数种子。花期 4—7 月，果期（5—）7—8 月。（图 2.10）

图 2.10　大百部

【分布与生境】全市各地散见，生于山坡丛林下。

【化学成分】块根含多种生物碱，包括百部碱、对叶百部碱、异对叶百部碱、百部次碱、次对叶百部碱、氧基对叶百部碱、对叶百部酮碱、对叶百部烯酮、对叶百部酮、氧化对叶百部碱等。

【药理作用】药理研究表明，本品有镇咳作用，杀虫、抑菌、抗病毒作用，降血压作用等。

【功能主治】润肺下气止咳，杀虫。用于新久咳嗽，肺痨咳嗽，百日咳；外用于头虱，体虱，蛲虫病。

【通识拓展】百部有小毒，服用过量会中毒，引起呼吸中枢麻痹。

（六）淡竹叶（Lophatherum gracile）

【来源】禾本科淡竹叶属植物。药用茎叶，药材名淡竹叶。

【形态特征】多年生，具木质根头，须根中部膨大呈纺锤状块根。秆直立，疏丛生，高 40~80 m，具 5~6 节。叶片披针形，长 6~20 cm，5~2.5 cm 横脉。圆锥花序顶生，分枝较少，疏散，斜升或展开。小穗线状披针形，具极短柄；颖片矩圆形，第一颖短于第二颖，外稃较颖片长，内稃较外稃短，颖果长椭圆形。花果期 6—10 月。（图 2.11）

图 2.11　淡竹叶

【分布与生境】全市各地散见，分布在山坡林下。

【化学成分】茎叶含萜类成分、甾类成分、黄酮类成分。

【药理作用】药理研究证明，本品具有解热作用，利尿作用，抑菌作用，升高血糖作用，祛痰作用。

【功能主治】清热除烦，利尿。用于热病烦渴，小便赤涩淋痛，口舌生疮。

【通识拓展】注意：淡竹叶并非淡竹（Phyllostachys glauca）的叶。中药材有竹叶、淡竹叶之分，竹叶是指毛金竹（Phyllostachys nigra var. henonis）的叶。一般认为，淡竹叶利尿能力更强，竹叶除烦效果更佳。

（七）杜鹃兰（Cremastra appendiculata）

【来源】兰科杜鹃兰属植物。药用假鳞茎，药材名山慈菇。

【形态特征】假鳞茎卵球形或近球形。叶通常 1 枚，生于假鳞茎顶端，狭椭圆形、近椭圆形或倒披针状狭椭圆形，长 18~34 cm，宽 5~8 cm，先端渐尖，基部收狭；叶柄长 7~17 cm。花葶从假鳞茎上部节上发出，近直立，总状花序具 5~22 朵花，常偏花序一侧，狭钟形，淡紫褐色；萼片和花瓣倒披针形，长 1.8~2.6 cm，上部宽 3~3.5 mm，先端渐尖；唇瓣与花瓣近等长，线形；侧裂片狭小；中裂片卵形至狭长圆形，基部在两枚侧裂片之间具 1 枚肉质突起；蕊

柱细长。蒴果近椭圆形，下垂。花期 5—6 月，果期 9—12 月。（图 2.12）

图 2.12　杜鹃兰

【分布与生境】桑植八大公山，武陵源十里画廊，永定区天门山等地有分布，生于山坡林下阴湿处。

【化学成分】全草含杜鹃兰素 I 和 II，种子、球茎、茎、叶含秋水仙碱、角秋水仙碱等多种生物碱。干燥假鳞茎中主要为菲类、联苄类、苷类、木脂素类及黄烷类化合物。

【药理作用】药理研究表明，本品具有抗肿瘤作用，抗痛风作用，抗炎作用，降压作用及抗菌活性。

【功能主治】清热解毒，化痰散结。用于痈肿疔毒，瘰疬痰核，淋巴结结核，蛇虫咬伤。

【通识拓展】兰科独蒜兰属植物独蒜兰（Pleione bulbocodioides）的假鳞茎也是山慈菇的来源，桑植县八大公山、武陵源鹞子寨等地有分布。（图 2.13）

图 2.13　独蒜兰

（八）杜仲（Eucommia ulmoides）

【来源】杜仲科杜仲属植物。药用树皮，药材名杜仲。

【形态特征】落叶乔木，高达 20 m；树皮灰褐色，粗糙，内含橡胶，折断拉开有多数细丝。嫩枝有黄褐色毛，不久变秃净，老枝有明显的皮孔。叶椭圆形、卵形或矩圆形，薄革质，长 6 ~ 15 cm，宽 3.5 ~ 6.5cm；基部圆形或阔楔形，先端渐尖。花生于当年枝基部，雄花无花被；苞片倒卵状匙形；雄蕊 6 ~ 10 个，花丝极短。雌花具短梗，子房扁而长，先端 2 裂。翅果扁平，长椭圆形，种子 1 粒。早春开花，秋后果实成熟。（图 2.14）

图 2.14　杜仲

【分布与生境】全市各地有栽培，慈利县是全国最大的杜仲基地县，有"中国杜仲之乡"的美誉。

【化学成分】含松脂醇二葡萄糖苷、右旋丁香树脂酚、右旋丁香树脂酚葡萄糖苷、右旋杜仲树脂酚、杜仲素 A、儿茶素、芦丁、胡萝卜苷等多种成分。

【药理作用】药理研究表明，本品有降压作用，促进成骨细胞增殖作用，镇静作用，抗炎镇痛作用等。

【功能主治】补肝肾，强筋骨，安胎。用于肾虚腰痛，筋骨无力，妊娠漏血，胎动不安，高血压。

【通识拓展】这些年，杜仲叶得到了比较充分的开发利用，主要有三方面：一是利用杜仲叶提炼绿原酸；二是利用杜仲叶制成杜仲茶或相关保健产品；三是做饲料。

（九）多花黄精（Polygonatum cyrtonema）

【来源】百合科黄精属植物。药用根茎，药材名黄精。

【形态特征】根状茎肥厚，通常连珠状或结节成块。茎高 50 ~ 100 cm，通常具 10 ~ 15 枚叶。叶互生，椭圆形、卵状披针形至矩圆状披针形，长 10 ~ 18 cm，宽 2 ~ 7 cm，先端尖至渐尖。花序具（1 ~）2 ~ 7（~ 14）花，伞形，总花梗长 1 ~ 4（~ 6）cm，花梗长 0.5 ~ 1.5（~ 3）cm；花被黄绿色，全长 18 ~ 25 mm，裂片长约 3 mm；花丝长 3 ~ 4 mm，花药长 3.54 mm；子房长 3 ~ 6 mm，花柱长 12 ~ 15 mm。浆果黑色，直径约 1 cm，具 3 ~ 9 颗种子。花期 5—6 月，

果期 8—10 月。（图 2.15）

图 2.15　多花黄精

【分布与生境】全市各地散见，慈利各地农村栽培。

【化学成分】含多糖、甾体皂苷、黄酮类、蒽醌类成分，其中，黄精多糖是重要的活性成分，是评价黄精质量的关键指标，由鼠李糖、阿拉伯糖、半乳糖、葡萄糖、甘露糖和果糖组成。

【药理作用】药理研究表明，本品具有降血糖、血脂作用，抗肿瘤作用，抑菌抗病毒作用，抗炎作用，免疫调节作用。

【功能主治】补气养阴，健脾，润肺，益肾。用于脾胃虚弱，体倦乏力，口干食少，肺虚燥咳，精血不足，内热消渴。

【通识拓展】张家界分布多种黄精属植物，除多花黄精外，常见的还有玉竹（Polygonatum odoratum）（图 2.16）、长梗黄精（Polygonatum filipes）（图 2.17）、距药黄精（Polygonatum franchetii）、湖北黄精（Polygonatum zanlanscianense）（图 2.18）、卷叶黄精（Polygonatum cirrhifolium）、轮叶黄精（Polygonatum verticillatum）、滇黄精（Polygonatum kingianum）等。其中，玉竹可单独药用，有养阴润燥，生津止渴的功效，用于肺胃阴伤，燥热咳嗽，咽干口渴，内热消渴。其他黄精属植物在实践中均当作黄精使用，为黄精的研究和利用提供了丰富的资源。

图 2.16　玉竹　　　　图 2.17　长梗黄精　　　图 2.18　湖北黄精

（十）钩藤（Uncaria rhynchophylla）

【来源】茜草科钩藤属植物。药用带钩枝条，药材名钩藤。

【形态特征】常绿木质藤本；嫩枝方柱形或略有4棱角；叶腋有对生的两钩，有的为单钩，钩尖向下弯曲，形似鹰爪，钩长1.2～2 cm。叶对生，纸质，椭圆形或椭圆状长圆形，长5～12 cm，宽3～7 cm，顶端短尖或骤尖，基部楔形至截形，全缘；侧脉4～8对；托叶深2裂，裂片线形至三角状披针形。头状花序单生叶腋或枝顶，花黄色，花冠合生，上部5裂；雄蕊5；子房下位。蒴果倒卵形或椭圆形，有宿存萼，种子两端有翅。花、果期5—12月。（图2.19）

图2.19　钩藤

【分布与生境】全市各地均产，常生于山谷溪边的疏林或灌丛中。

【化学成分】茎、叶、钩中含吲哚类生物碱类成分，包括钩藤碱、异钩藤碱、18，19-脱氢钩藤碱及异18，19-脱氢钩藤碱等。

【药理作用】药理研究表明，本品有明显的镇静作用，降血压作用。

【功能主治】清热平肝，息风定惊。用于头痛眩晕，感冒夹惊，惊痫抽搐，妊娠子痫；高血压。

【通识拓展】张家界还产华钩藤（Uncaria sinensis），与钩藤的区别在于托叶宽大，阔三角形至半圆形，也是中药材钩藤的来源之一。（图2.20）

图2.20　华钩藤

（十一）厚朴（Magnolia officinalis）

【来源】木兰科木兰属植物。药用树皮、根皮、枝皮，药材名厚朴。

【形态特征】落叶乔木，高达 20 m；树皮厚，褐色，不开裂；小枝粗壮，淡黄色或灰黄色，幼时有绢毛。叶大，近革质，7~9 片聚生于枝端，长圆状倒卵形，长 22~45 cm，宽 10~24 cm，先端具短急尖或圆钝，基部楔形，全缘而微波状，上面绿色，无毛，下面灰绿色，被灰色柔毛，有白粉。花白色，径 10~15 cm，芳香；花被片 9~12（~17），厚肉质。聚合果长圆状卵圆形，长 9~15 cm；蓇葖果木质；种子三角状倒卵形。花期 5—6 月，果期 8—10 月。（图 2.21）

图 2.21　厚朴

【分布与生境】张家界各地栽培。

【化学成分】含木脂素、生物碱、挥发油类成分。木脂素类为厚朴酚、和厚朴酚、厚朴新酚等；生物碱类为木兰箭毒碱、木兰花碱等；挥发油为桉叶醇、荜澄茄醇等。

【药理作用】药理研究表明，本品有抑菌作用，抗炎作用，止泻、增加胆汁流量、保肝作用，抗血栓作用等。

【功能主治】燥湿消痰，下气除满。用于湿滞伤中，脘痞吐泻，食积气滞，腹胀便秘，痰饮喘咳。

【通识拓展】张家界栽培的厚朴还有凹叶厚朴（Magnolia officinalis subsp. Biloba），主要区别在于叶片先端凹陷，也是中药材厚朴的来源之一。（图 2.22）

图 2.22　凹叶厚朴

（十二）槲蕨（Drynaria roosii）

【来源】槲蕨科槲蕨属植物。药用根茎，药材名骨碎补。

【形态特征】多年生附生草本，通常附生岩石或树干上。根状茎肉质，直径 1 ~ 2 cm，密被鳞片。叶二型，基生不育叶圆形，长（2 ~ ）5 ~ 9 cm，宽（2 ~ ）3 ~ 7 cm，基部心形，浅裂至叶片宽度的 1/3。孢子叶叶柄长 4 ~ 7（ ~ 13）cm，具翅；叶片长 20-45 cm，宽 10 ~ 15（ ~ 20）cm，深羽裂，裂片 7 ~ 13 对，互生，稍斜向上，披针形，长 6 ~ 10 cm，宽（1.5 ~ ）2 ~ 3 cm；叶脉明显，呈长方形网眼。孢子囊群圆形，椭圆形，沿裂片中肋两侧各排列成 2 ~ 4 行，每网眼内一枚，无囊群盖。（图 2.23）

图 2.23　槲蕨

【分布与生境】全市各地均产，生于石壁、树干上。

【化学成分】含黄酮类、三萜类、苯丙素类、挥发油类成分。

【药理作用】药理研究表明，本品可明显提高骨密度，提高血钙水平，有抗氧化作用，抗炎作用，镇静、镇痛作用。

【功能主治】补肾强骨，续伤止痛。用于肾虚腰痛，耳鸣耳聋，牙齿松动，跌扑闪挫，筋骨折伤；外治斑秃，白癜风。

【通识拓展】蚌壳蕨科植物金毛狗（Cibotium barometz）根茎药用，药材名狗脊，也有补肾壮骨的功效，张家界市仅桑植县有极少量的野外分布。

（十三）黄连（Coptis chinensis）

【来源】毛茛科黄连属植物。药用根茎，药材名黄连。

【形态特征】多年生草本，根茎黄色，常分枝，密生多数须根。叶有长柄；叶片稍带革质，卵状三角形，宽达 10 cm，三全裂；中央全裂片卵状菱形，侧全裂片斜卵形，比中央全裂片短；花葶 1 ~ 2 条，高 12 ~ 25 cm；二歧或多歧聚伞花序有 3 ~ 8 朵花；苞片披针形，三或五羽状深裂；萼片 5，长椭圆状卵形，长 9 ~ 12.5 mm；花瓣线形或线状披针形，长 5 ~ 6.5 mm，中央有蜜槽；雄蕊约 20，心皮 8 ~ 12，有柄。蓇葖长 6 ~ 8 mm，有细长子房柄；种子 7 ~ 8 粒。2—3 月开花，4—6 月结果。（图 2.24）

图 2.24　黄连

【分布与生境】桑植八大公山、永定区天门山、武陵源等地有分布，生长在山地林下阴湿处。

【化学成分】含生物碱类成分，包括小檗碱、黄连碱、甲基黄连碱、巴马亭、药根碱、非洲防己碱、表防己碱、木兰花碱，还含阿魏酸、黄柏酮、黄柏内酯等。

【药理作用】药理研究表明，本品有抑菌、抗内毒素作用，抗病毒作用，降压、降糖、降脂作用，增加心肌收缩力、降低外周阻力、改善心动功能的作用，抗箭毒作用，防治动脉硬化作用，抗癌作用，免疫调节作用等。

【功能主治】清热燥湿，泻火解毒。用于湿热痞满，呕吐吞酸，泻痢，黄疸，高热神昏，心火亢盛，心烦不寐，血热吐衄，目赤，牙痛，消渴，痈肿疔疮；外治湿疹，湿疮，耳道流脓。

【通识拓展】黄连、黄柏所含主要成分均为小檗碱，但用法有一定区别。一般认为，黄连大苦大寒，善清心胃之火，除中焦湿热，黄柏药力不及黄连，善清相（肾）火，除下焦湿热。

（十四）绞股蓝（Gynostemma pentaphyllum）

【来源】葫芦科绞股蓝属植物。药用根茎或全草，药材名绞股蓝。

【形态特征】草质攀援植物；茎细弱，具纵棱及槽。叶膜质或纸质，鸟足状，具 3～9 小叶，通常 5 小叶；小叶片卵状长圆形或披针形，中央小叶长 3～12 cm，宽 1.5～4 cm，侧生小叶较小，先端急尖或短渐尖，基部渐狭，边缘具波状齿或圆齿状牙齿，上面深绿色，背面淡绿色，侧脉 6～8 对。卷须纤细，2 歧。花雌雄异株。雄花圆锥花序，花序轴纤细，多分枝；花冠淡绿色或白色，5 深裂，裂片卵状披针形；雄蕊 5。雌花圆锥花序远较雄花短小，花萼及花冠似雄花。果实肉质不裂，球形，径 5～6 mm，成熟后黑色，内含倒垂种子 2 粒。种子卵状心形，径约 4 mm。花期 3—11 月，果期 4—12 月。（图 2.25）

图 2.25　绞股蓝

【分布与生境】全市各地均产。生于山间阴湿的环境，山间林下阴湿而有乱石的地方最为常见。

【化学成分】含皂苷类、糖类、氨基酸类成分及铁、锌、铜、锰等微量元素。其中，绞股蓝皂苷 III、IV、VIII、XII 分别与人参皂苷 Rb_1、Rb_3、Rd、F_2 结构相同。

【药理作用】药理研究表明，本品具有抗氧化和抗衰老作用，镇静、催眠、镇痛、抗紧张作用，免疫调节作用，抗肿瘤作用，抗溃疡作用，降血糖作用，护肝作用，抗血小板聚集作用，心肌缺血的保护作用，脑组织保护作用。

【功能主治】清热解毒，止咳祛痰，降脂抗癌。用于慢性支气管炎，传染性肝炎，脂肪肝，肾盂肾炎，胃肠炎，高脂血证，肿瘤，心绞痛等。

【通识拓展】张家界出产的绞股蓝属植物还有五柱绞股蓝（Gynostemma

pentagynum）（图 2.26）、光叶绞股蓝（Gynostemma laxum），均含绞股蓝总皂苷，可作绞股蓝药用。

图 2.26　五柱绞股蓝

（十五）金荞麦（Fagopyrum dibotrys）

【来源】蓼科荞麦属植物。药用根茎，药材名金荞麦。

【形态特征】多年生草本。根茎木质化，呈结节状，横走，红棕色。茎直立，高 50～100 cm，分枝，具纵棱。叶片戟状三角形，长 4～12 cm，宽 3～11 cm，顶端渐尖，基部近戟形，边缘全缘。托叶鞘抱茎。花序伞房状，顶生或腋生，花被 5 深裂，白色，雄蕊 8。瘦果宽卵形，棕褐色。花期 7—9 月，果期 8—10 月。（图 2.27）

图 2.27　金荞麦

【分布与生境】全市广布，生于路边、沟边较阴湿的地方。

【化学成分】含原花色素类、黄酮类、皂苷类、三萜类、大黄素等成分。

【药理作用】药理研究表明，本品有抑菌作用，免疫调节作用，解热作用，抑制血小板聚集作用，抗炎、抗过敏作用，抗肿瘤作用，镇咳、祛痰作用，降脂、降糖作用，保肝作用，抗突变作用等。

【功能主治】清热解毒，排脓祛瘀。用于肺脓疡，肺炎，扁桃体周围脓肿。

【通识拓展】金荞麦茎叶也可药用，有清热解毒、消肿散结等功效，用于治疗咽喉肿痛、肝炎腹胀、毒蛇咬伤、鼻咽癌等证。

（十六）牛蒡（Arctium lappa）

【来源】菊科牛蒡属植物牛蒡，药用果实，药材名牛蒡子。

【形态特征】多年生草本，具粗大的肉质根。茎直立，高达 2 m，粗壮，基部直径达 2 cm，通常带紫红或淡紫红色。基生叶宽卵形，长达 30 cm，宽达 21 cm，边缘稀疏的浅波状凹齿或齿尖，基部心形，有长达 32 cm 的叶柄，两面异色，上面绿色，下面灰白色或淡绿色。茎生叶与基生叶同形或近同形。头状花序在茎枝顶端排成疏松的伞房状。总苞球形，密被钩刺状苞片。小花紫红色，全为管状花，先端 5 裂，聚药雄蕊 5，花药紫色。瘦果倒长卵形或偏斜倒长卵形，略呈三棱状，长 5~7 mm，宽 2~3 mm。冠毛多层，浅褐色，冠毛刚毛糙毛状。花、果期 6—9 月。（图 2.28、图 2.29）

图 2.28　牛蒡（1）　　　　　　图 2.29　牛蒡（2）

【分布与生境】全市各地散见，生于路旁、沟旁或山坡草地。

【化学成分】含木脂素、油脂等成分。其中，木脂素包括双中蒡子苷元，异拉帕酚 C，环异落叶松树脂酚，拉帕酚 A、B、C、D、E、F、H，牛蒡苷，牛蒡苷元，罗汉松脂素，新牛蒡素乙等；油脂类成分包括棕榈酸，硬脂酸，油酸，亚油酸等。

【药理作用】药理研究表明，本品有抗肿瘤作用，抗糖尿病作用，免疫调节作用，抗流感病毒作用。

【功能主治】疏散风热，宣肺透疹，解毒利咽。用于风热感冒，咳嗽痰多，麻疹，风疹，咽喉肿痛，痄腮、丹毒，痈肿疮毒。

【通识拓展】牛蒡的根也可药用，有祛风热、解肿毒的功效。牛蒡的嫩茎叶和肉质根还做野菜。春季采嫩茎叶，用开水焯后再用清水漂洗，然后炒食或做汤，春秋挖根，炒食、凉拌、做馅等。

（十七）牛皮消（Cynanchum auriculatum）

【来源】萝藦科鹅绒藤属植物，药用块根，药材名白首乌。

【形态特征】蔓性半灌木；宿根肥厚，呈块状；叶对生，膜质，被微毛，宽卵形至卵状长圆形，长 4~12 cm，宽 4~10 cm，顶端短渐尖，基部心形。聚伞花序伞房状，着花 30 朵；花萼裂片卵状长圆形；花冠白色，辐状，裂片反折，内面具疏柔毛；副花冠浅杯状，裂片椭圆形，肉质，钝头，在每裂片内面的中部有 1 个三角形的舌状鳞片；花粉块每室 1 个，下垂；柱头圆锥状，顶端 2 裂。蓇葖双生，披针形，长 8cm，直径 1 cm；种子卵状椭圆形，顶端具白色绢质种毛。花期 6—9 月，果期 7—11 月。（图 2.30）

图 2.30　牛皮消

【分布与生境】全市各地散见，生于阴湿的山坡林缘和路边灌丛中。

【化学成分】含多羟基孕甾烷酯苷，如牛皮消苷 A-C、牛皮消素、萝藦苷元、开德苷元、告达亭、加加明、萝藦胺等成分。

【药理作用】药理研究表明，本品有抗氧化作用，免疫调节作用，抗肿瘤作用，强心作用，降血脂作用。

【功能主治】补肝肾，强筋骨，益精血，健脾消食，解毒疗疮。用于腰膝酸软，头晕耳鸣，心悸失眠，食欲不振，小儿疳积，产后乳汁稀少，疮痈肿痛，毒蛇咬伤。

【通识拓展】牛皮消资源丰富，易栽培。鉴于其特殊的药理作用，可加大开发利用力度。同属植物隔山消（Cynanchum wilfordii）和本种形态非常接近，张家界也有分布，在国内一些地方，两者也都当作白首乌药用。

（十八）七叶一枝花（Paris polyphylla）

【来源】百合科重楼属植物。药用根茎，药材名重楼。

【形态特征】植株高 35 ~ 100 cm；根状茎粗厚，棕褐色，直径达 1 ~ 2.5 cm，密生多数环节和许多须根。茎直立，基部常带紫红色。叶（5 ~ ）7 ~ 10 枚，矩圆形、椭圆形或倒卵状披针形，长 7 ~ 15 cm，宽 2.5 ~ 5 cm，先端短尖或渐尖，基部圆形或宽楔形；叶柄明显，长 2 ~ 6cm。花梗长 5 ~ 16（ ~ 30）cm；外轮花被片绿色，（3 ~ ）4 ~ 6 枚，狭卵状披针形，长（3 ~ ）4.5 ~ 7cm；内轮花被片狭条形，通常比外轮长；雄蕊 8 ~ 12 枚，花药短，药隔突出部分长 0.5 ~ 1（ ~ 2）mm；子房近球形，具稜，顶端与花柱为紫色。蒴果紫色，3 ~ 6 瓣裂开。种子多数，具鲜红色多浆汁的外种皮。花期 4—7 月，果期 8—11 月。（图 2.31）

图 2.31　七叶一枝花

【分布与生境】全市各地散见，分布在较高海拔的林下。

【化学成分】含甾体皂苷类成分，包括重楼皂苷 I-III、薯蓣皂苷、蚤休皂苷 A-B、七叶一枝花皂苷 G-H、皂草苷 A-D、重楼甾酮等。

【药理作用】药理研究表明，本品有抑菌、抗病毒作用，抗炎作用，平喘止咳作用，抗肿瘤作用，止血作用，溶血作用，免疫调节作用，镇静作用等。

【功能主治】清热解毒，消肿止痛，凉肝定惊。用于疔疮痈肿，咽喉肿痛，毒蛇咬伤，跌扑伤痛，惊风抽搐。

【通识拓展】张家界有丰富的重楼属植物资源。除七叶一枝花外，还分布华重楼（Paris polyphylla var. chinensis）、狭叶重楼（Paris polyphylla var.

stenophylla）、宽瓣重楼（Paris polyphylla var. yunnanensis）（图 2.32）、金线重
楼（Paris delavayi）、球药隔重楼（Paris fargesii）（图 2.33）等。华重楼是药
材重楼的正品来源之一，其他重楼属植物的功效也与七叶一枝花和华重楼相
似，实践中也被当作重楼使用。

图 2.32　宽瓣重楼　　　　　　图 2.33　球药隔重楼

（十九）青牛胆（Tinospora sagittata）

【来源】防己科青牛胆属植物。药用块根，药材名金果榄。

【形态特征】草质藤本，具连珠状块根，膨大部分常为不规则球形，黄色。
叶纸质至薄革质，披针状箭形或有时披针状戟形，长 7 ~ 15 cm，有时达 20 cm，
宽 2.4 ~ 5 cm，先端渐尖，基部弯缺常很深，后裂片圆、钝或短尖，常向后伸；
掌状脉 5 条，连同网脉均在下面凸起；叶柄长 2.5 ~ 5 cm 或稍长。花序腋生，
常数个或多个簇生，聚伞花序或分枝成疏花的圆锥状花序，长 2 ~ 10 cm，有
时可至 15 cm 或更长，总梗、分枝和花梗均丝状；小苞片 2；萼片 6，常大小
不等；花瓣 6，肉质，常有爪，瓣片近圆形或阔倒卵形。核果红色，近球形；
果核近半球形，宽约 6 ~ 8 mm。花期 4 月，果期秋季。（图 2.34）

【分布与生境】桑植陈家河镇、武陵源黄石寨后山、永定区老道湾、天门
山镇后山溪、石长溪林场等地有分布。生长于海拔 600 m 以上的林下、林缘。

【化学成分】块根含萜类、生物碱类、甾酮类成分。其中，萜类为防己
内酯、异防己内酯、非洲防己苦素、金果榄苷；生物碱类为掌叶防己碱、药
根碱、非洲防己碱、千金藤宁碱、蝙蝠葛壬碱、木兰花碱等；甾酮类为 2-
脱氧-甲壳甾酮、2-脱氧-3-表甲壳甾酮、2-脱氧甲壳壳甾酮-3-0-β 吡喃葡
萄糖苷。

图 2.34 青牛胆

【药理作用】药理研究表明，本品有明显的刺激动物垂体促肾上腺皮质分泌作用，抗肾上腺素的作用，兴奋子宫作用，抑菌作用，降血糖作用等。

【功能主治】清热解毒，利咽，止痛。用于咽喉肿痛，口腔溃疡，热咳失音，痈疽疔毒，泄泻，痢疾，脘腹热痛；外用治毒蛇咬伤。

【通识拓展】金果榄配川芎、黄柏、黄药子，研成细末，水调，可用于五步蛇咬伤的辅助性治疗。

（二十）忍冬（Lonicera japonica）

【来源】忍冬科忍冬属植物。药用花蕾，药材名金银花。

【形态特征】半常绿藤本，长可达 9 m。叶对生，卵形至矩圆状卵形，有时卵状披针形，稀圆卵形或倒卵形，长 3 ~ 5（~9.5）cm，顶端尖或渐尖，基部圆或近心形，上面深绿色，下面淡绿色。花成对生于叶腋，初开时白色，后变黄色，黄白相映。故名"金银花"，花萼 5 裂；花冠略呈二唇形，上唇 4裂，下唇不裂；雄蕊 5，花柱和雄蕊长于花冠。果实球形，直径 6 ~ 7 mm，熟时蓝黑色。花期 4—6 月（秋季亦常开花），果熟期 10—11 月。（图 2.35）

图 2.35 忍冬

【分布与生境】全市各地广布，生于路旁、山坡灌丛、疏林下。

【化学成分】含酚酸类、黄酮类、皂苷类成分。酚酸类成分包括绿原酸，异绿原酸。黄酮类成分包括木犀草素、槲皮素等。皂苷类成分包括忍冬皂苷A-E。

【药理作用】药理研究证明，本品有抗菌作用，抗炎和解热作用，加强防御机能作用，中枢兴奋作用，降血脂作用等。

【功能主治】清热解毒，疏散风热。用于痈肿疔疮，喉痹，丹毒，热毒血痢，风热感冒，温病发热。

【通识拓展】忍冬的茎叶也可药用，药材名忍冬藤，同样含绿原酸、异绿原酸、木犀草素等有效成分，与金银花相比，资源更加丰富。张家界分布 10 余种忍冬属植物，包括淡红忍冬（Lonicera acuminata）、金花忍冬（Lonicera chrysantha）、匍匐忍冬（Lonicera crassifolia）、苦糖果（Lonicera fragrantissima subsp. standishii）、蕊被忍冬（Lonicera gynochlamydea）、女贞叶忍冬（Lonicera ligustrina）、金银忍冬（Lonicera maackii）（图 2.36）、灰毡毛忍冬（Lonicera macranthoides）、短柄忍冬（Lonicera pampaninii）、蕊帽忍冬（Lonicera pileata）、细毡毛忍冬（Lonicera similis）（图 2.37）、唐古特忍冬（Lonicera tangutica）、盘叶忍冬（Lonicera tragophylla），这些忍冬属植物花蕾和茎叶与忍冬有类似的药用功效。

图 2.36 金银忍冬

图 2.37 细毡毛忍冬

（二十一）三枝九叶草（Epimedium sagittatum）

【来源】小檗科淫羊藿属植物。药用全草，药材名淫羊藿。

【形态特征】多年生草本，植株高 30～50 cm。根状茎粗短，节结状，质硬，多须根。一回三出复叶基生和茎生，小叶 3 枚；小叶卵形至卵状披针形，长 5~19 cm，宽 3~8 cm，先端急尖或渐尖，基部心形，顶生小叶基部两侧裂片近相等，圆形，侧生小叶基部高度偏斜，外裂片远较内裂片大，三角形，急尖，内裂片圆形，叶缘具刺齿；花茎具 2 枚对生叶。圆锥花序，花较小，萼片 2 轮，外萼片具紫色斑点，其中 1 对狭卵形，另 1 对长圆状卵形，内萼片白色；花瓣 4，黄色，有短距；雌蕊 4。蒴果长约 1 cm，卵圆形。花期 4—5 月，果期 5—7 月。（图 2.38）

图 2.38　三枝九叶草

【分布与生境】全市各地散见，生于山坡草丛、林下、灌丛中。

【化学成分】含黄酮类成分，包括淫羊藿苷，宝藿苷Ⅳ，朝藿苷 A、B，箭藿苷 A-C，槲皮素，木犀草素，芹菜素等。此外，还含甾醇类成分。

【药理作用】药理研究表明，本品有增加脑血流量、降低脑血管阻力、保护脑缺氧损伤、提高造血功能的作用，增加单核巨噬细胞的吞噬功能，提高血清溶血素抗体生存水平的作用，抗肿瘤作用，抗衰老作用，提高性机能的作用，麻醉、抗炎、镇静、镇咳、平喘、祛痰、镇痛、催眠、保肝利胆作用等。

【功能主治】补肾阳，强筋骨，祛风湿。用于阳痿遗精，筋骨痿软，风湿痹痛，麻木拘挛，更年期高血压。

【通识拓展】张家界有着丰富的淫羊藿属植物资源，包括粗毛淫羊藿（Epimedium acuminatum）、保靖淫羊藿（Epimedium baojingense）、短茎淫羊藿（Epimedium brachyrrhizum）、湖南淫羊藿（Epimedium hunanense）、裂叶淫羊藿（Epimedium lobophyllum）、天平山淫羊藿（Epimedium myrianthum）、偏斜淫羊藿（Epimedium truncatum）、天门山淫羊藿（Epimedium tianmenshanense）。这些淫羊藿属植物在医药实践中均被当作淫羊藿使用。

（二十二）天麻（Gastrodia elata）

【来源】兰科天麻属植物。药用块茎，药材名天麻。

【形态特征】植株高 30～100 cm；块茎肥厚，长椭圆形，肉质，长 8～12 cm，直径 3～5（～7）cm，具较密的节。茎直立，橙黄色、黄色，无绿叶，下部被数枚膜质鞘。总状花序长 5～30（～50）cm；花苞片长圆状披针形，膜质；花梗和子房长 7～12 mm，略短于花苞片；花扭转，赤黄色，近直立；花被筒歪壶状，筒的基部下侧稍凸出，裂片小，三角形；唇瓣高于花被筒的 2/3，3 裂，中央裂片较大。蒴果倒卵状椭圆形，长 1.4～1.8 cm。花、果期 5—7 月。（图 2.39、图 2.40）

图 2.39　天麻（1）

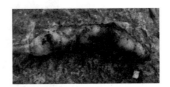

图 2.40　天麻（2）

【分布与生境】桑植八大公山、永定区天门山等地有分布，生于疏林下，林中空地、林缘，灌丛边缘。

【化学成分】含天麻苷元、天麻素、β-谷甾醇、胡萝卜苷、柠檬酸及其对称单甲酯、棕榈酸、琥珀酸、对羟基苯甲醛及蔗糖等。另含天麻醚苷、对-羟基苯甲基醇、对-羟基苯甲基醛、4-羟苄基甲醚、4-（4'-羟苄氧基）苄基甲醚、双（4-羟苄基）醚等。

【药理作用】药理研究表明，本品有对神经细胞损伤的保护作用，抗惊厥作用，镇静、催眠、镇痛作用，促智抗衰老作用，降低血压和外周血管阻力作用，脑组织损伤的保护作用，增强免疫力的作用等。

【功能主治】息风止痉，平肝阳，祛风通络。用于急慢惊风，抽搐拘挛，眩晕，头痛，半身不遂，肢麻，风湿痹痛。

【通识拓展】目前，野生天麻资源已很罕见，应加强资源的保护力度，大力推广天麻人工栽培技术。

（二十三）乌头（Aconitum carmichaelii）

【来源】毛茛科乌头属植物。药用块根（母根），药材名川乌。

【形态特征】块根倒圆锥形，长 2 ~ 4 cm，粗 1 ~ 1.6 cm。茎高 60 ~ 150（ ~ 200）cm。茎下部叶在开花时枯萎。茎中部叶有长柄；叶片薄革质或纸质，五角形，长 6 ~ 11 cm，宽 9 ~ 15 cm，基部浅心形三裂达或近基部。顶生总状花序长 6 ~ 10（-25）cm；轴及花梗多少密被反曲而紧贴的短柔毛；下部苞片三裂，上部苞片披针形；萼片 5，蓝紫色，上萼片高盔形；花瓣 2，瓣片长约 1.1 cm；雄蕊多数，花丝有 2 小齿或全缘；心皮 3 ~ 5，子房被短柔毛，稀无毛。蓇葖长 1.5 ~ 1.8 cm；种子多数，三棱形。9—10 月开花。（图 2.41）

图 2.41　乌头

【分布与生境】全市各地散见，生于海拔 700 m 以上的生山地草坡或灌丛中。

【化学成分】含乌头碱，次乌头碱，中乌头碱，塔拉胺，异塔拉定，新乌宁碱，准噶尔乌头碱，附子宁碱，异飞燕草碱，苯甲酰中乌头碱，多根乌头碱，森布星 A、B，14-乙酰塔拉胺，脂乌头碱，脂次乌头碱，脂去氧乌头碱，脂中乌头碱，北草乌碱，川附宁，3-去氧乌头碱，惰碱，荷克布星 A、B，尿嘧啶，乌头多糖 A、B、C、D。

【药理作用】抗炎、镇痛作用，局部麻醉作用，降血糖作用，抗癌作用等。

【功能主治】祛风除湿，温经止痛。用于风寒湿痹，关节疼痛，心腹冷痛，寒疝作痛，麻醉止痛。

【通识拓展】本品有大毒，内服须炮制后用。乌头属植物北乌头（Aconitum

kusnezoffii）及其多种近缘植物的块根也可药用，药材名草乌，与川乌功能主治大致相同，临床上认为草乌药力更猛，毒性也更大。张家界虽不产北乌头，但其近缘植物并不少，包括大麻叶乌头（Aconitum cannabifolium）、瓜叶乌头（Aconitum hemsleyanum）（图 2.42）、花葶乌头（Aconitum scaposum）、高乌头（Aconitum sinomontanum）等，民间都作草乌入药。

图 2.42　瓜叶乌头

（二十四）细辛（Asarum sieboldii）

【来源】马兜铃科细辛属植物。药用全草，药材名细辛。

【形态特征】多年生草本；根状茎直立或横走，直径 2 ~ 3 mm，节间长 1 ~ 2 cm，有多条须根。叶通常 2 枚，叶片心形或卵状心形，长 4 ~ 11 cm，宽 4.5 ~ 13.5 cm，先端渐尖或急尖，基部深心形，叶面疏生短毛，脉上较密，叶背仅脉上被毛。花紫黑色；花梗长 2 ~ 4 cm；花被管钟状，直径 1 ~ 1.5 cm，内壁有疏离纵行脊皱；花被裂片三角状卵形，直立或近平展；雄蕊 12，花丝与花药近等长；子房半下位，花柱 6，较短，顶端 2 裂，柱头侧生。果近球状，直径约 1.5 cm，棕黄色。花期 4—5 月。（图 2.43）

【分布与生境】桑植天平山有分布，生于海拔 1 200 m 以上的林下阴湿环境中。

【化学成分】全草含挥发油 2.6%，挥发油中的成分有 α-蒎烯，樟烯，β-蒎烯，月桂烯，香桧烯，柠檬烯，1、8-桉叶素，对-聚伞花素，γ-松油烯，异松油烯，龙脑，4-松油烯醇，α-松油醇，爱草脑，萘，3、5-二甲氧基甲苯，黄樟醚，正十五烷，甲基丁香油酚，2-甲氧基黄樟醚，细辛醚，肉豆蔻醚，榄香脂素，α-侧柏烯，细辛素。

图 2.43　细辛

【药理作用】药理研究表明，本品有镇痛、抗炎作用，免疫调节作用，增加心率、对缺糖缺氧性损伤心肌细胞的细胞膜有直接保护作用。

【功能主治】祛风散寒，通窍止痛，温肺化饮。用于风寒感冒，头痛，牙痛，鼻塞鼻渊，风湿痹痛，痰饮喘咳。

【通识拓展】细辛属（Asarum）植物是张家界民间常用的草药，叫"四两麻"，常用来治疗毒蛇咬伤和头痛、牙痛、腹痛等痛证。除细辛外，张家界常见细辛属植物还有尾花细辛（Asarum caudigerum）（图 2.44）和长毛细辛（Asarum pulchellum）（图 2.45）。此外，还产双叶细辛（Asarum caulescens）、铜钱细辛（Asarum debile）、大叶马蹄香（Asarum maximum）等。

图 2.44　尾花细辛

图 2.45　长毛细辛

（二十五）细柱五加（Eleutherococcus nodiflorus）

【来源】五加科五加属植物，药用根皮。

【形态特征】落叶灌木，高 2～3 m；茎直立或攀援，刺通常单生于叶柄基部。叶互生，小叶 5，在长枝上，在短枝上簇生；小叶倒卵形至倒披针形，长 3～8 cm，宽 1～3.5 cm，先端尖至短渐尖，基部楔形，几无柄。伞形花序单个稀 2 个腋生，或顶生在短枝上，直径约 2 cm，有花多数；总花梗长 1～2 cm，结实后延长；花黄绿色；花瓣 5，长圆状卵形，先端尖；雄蕊 5，花柱 2，柱头圆头状。果实扁球形。花期 4—8 月，果期 6—10 月。（图 2.46）

图 2.46 细柱五加

【分布与生境】全市各地散见，生于灌木丛林、林缘、山坡路旁。

【化学成分】根皮含 4-甲氧基水杨醛，异贝壳松烯，紫丁香苷，鞣质，花生酸，软脂酸，亚油酸，亚麻仁油酸，维生素 A、B_1。

【药理作用】药理研究表明，本品具抗应激作用，抗溃疡活性，抗肿瘤作用，抗衰老作用。

【功能主治】祛风湿，补肝肾，强筋骨。用于风湿痹痛，筋骨痿软，小儿行迟，体虚乏力，水肿，脚气。

【通识拓展】永定区天门山尚有藤五加（Acanthopanax leucorrhizus）分布，可做五加皮药用。全市各地还产同属植物白簕（Eleutherococcus trifoliatus）（图 2.47），根皮也可药用，功效与五加皮类似，用于该植物叶片为 3 小叶，故药材称三加皮。

图 2.47 白簕

（二十六）羊乳（Codonopsis lanceolata）

【来源】桔梗科党参属植物。药用根，药材名四叶参。

【形态特征】多年生缠绕草本。根常肥大呈纺锤状而有少数细小侧根。茎缠绕，长达 2 m 以上。叶在小枝顶端通常 2～4 叶簇生，而近于对生或轮生状，叶片菱状卵形、狭卵形或椭圆形，长 3～10 cm，宽 1.3～4.5 cm，顶端尖或钝，基部渐狭，通常全缘或有疏波状锯齿，上面绿色，下面灰绿色。花单生或对生于小枝顶端；花梗长 1～9 cm；花冠阔钟状，长 2～4 cm，直径 2～3.5 cm，浅裂，裂片三角状，反卷，黄绿色或乳白色内有紫色斑；雄蕊 5，花丝粗短；子房下位。蒴果下部半球状，上部有喙，直径约 2～2.5 cm。种子卵形，有翼。花、果期 8—10 月。（图 2.48）

图 2.48　羊乳

【分布与生境】天门山、石长溪林场等地有分布，生于山地林下。

【化学成分】含生物碱、甾萜类、黄酮类、挥发油、多种氨基酸、微量元素和多糖等成分。

【药理作用】药理研究表明，本品有降血压作用，能明显增加血液中红细胞数和血红蛋白的含量，有镇静、镇痛、抗惊厥和益智作用，抑菌作用，镇咳、保肝、改善免疫功能及耐缺氧作用。

【功能主治】益气养阴，解毒消肿，排脓，通乳。用于神疲乏力，头晕头痛，肺痈，乳痈，肠痈，产后乳少，白带，疮疖肿毒，喉蛾，瘰疬，毒蛇咬伤。

【通识拓展】张家界所产具有补益作用的桔梗科植物还有川党参（Codonopsis tangshen）、金钱豹（Campanumoea javanica）（图 2.49）。前者已归并为党参（Codonopsis pilosula），可作党参药用，分布较少；后者药材名土党参，比较常见。

图 2.49　金钱豹

（二十七）叶下珠（Phyllanthus urinaria）

【来源】大戟科叶下珠属植物。药用全草，药材名叶下珠。

【形态特征】一年生草本，高 10～40 cm。茎通常直立，基部多分枝，枝倾卧而后上升，枝具翅状纵棱，单叶互生，呈 2 列，羽状排列，长圆形或倒卵形，长 4～10 mm，宽 2～5 mm，顶端圆钝而有小尖头，下面灰绿色。花雌雄同株，雄花 2～4 朵簇生于叶腋，通常仅上面 1 朵开花；萼片 6，倒卵形；雄蕊 3，花丝全部合生成柱状；雌花单生于小枝中下部的叶腋内；萼片 6，卵状披针形，黄白色。蒴果圆球状，直径 1～2 mm，红色，表面具小凸刺。种子三角状卵形，橙黄色。花期 4—10 月，果期 7—11 月。（图 2.50）

图 2.50　叶下珠

【分布与生境】全市广布，生于海拔 500 m 以下平地、山地路旁或林缘。

【化学成分】全草含没食子酸，琥珀酸，阿魏酸，β-谷甾醇，三十烷醇，三十烷酸，谷甾醇，羽扇豆醇，三十二烷酸，叶下珠素 F、G，槲皮素，山柰素，鞣花酸等。

【药理作用】药理研究表明，本品有体外抗乙肝病毒作用，保护肝脏作用，杀伤肝癌细胞和抑制其增值作用，抑菌作用。

【功能主治】清热解毒，利尿消肿，明目，消积。用于肠炎，痢疾，泄泻，热淋，石琳，肾炎水肿，泌尿系感染、目赤，夜盲，小儿疳积，眼结膜炎，黄疸型肝炎；外用治青竹蛇咬伤。

【通识拓展】因叶下珠对肝病有有效作用，现已开发出叶下珠片、叶下珠胶囊等药品。叶下珠的同属近缘植物蜜甘草（Phyllanthus ussuriensis）（图 2.51）在张家界也广泛分布，用途也与叶下珠相近。

图 2.51　蜜甘草

（二十八）一把伞南星（Arisaema erubescens）

【来源】天南星科天南星属植物。药用块茎，药材名天南星。

【形态特征】块茎扁球形。叶 1，叶柄长 40～80 cm，中部以下具鞘；叶片放射状分裂，裂片 7～20，披针形、长圆形，无柄，长（6～）8～24 cm，宽 1～4 cm，长渐尖或具线形长尾。花序柄比叶柄短，直立。佛焰苞绿色，背面有清晰的白色条纹，或淡紫色至深紫色条纹；喉部扩展，边缘外卷，檐部宽大，三角状卵形至长圆状卵形，有长 5～15 cm 的线形尾尖或否。肉穗花序，雌花序轴在下部，中性花序轴位于中段，紧接雄花序轴，其上为 5 cm 的棒状附属器。果序成熟时裸露，浆果红色。花期 4—7 月，果期 8—9 月。（图 2.52）

图 2.52　一把伞南星

【分布与生境】全市各地广布，林下、灌丛、草坡、荒地均有生长。

【化学成分】含丰富的氨基酸、黄酮苷类成分及 20 多种无机微量元素。

【药理作用】药理研究表明，本品有抗惊厥作用，镇痛、镇静作用，抗心律失常作用，抗肿瘤作用，抗炎作用，祛痰作用，抗凝血作用等。

【功能主治】燥湿化痰，祛风止痉，散结消肿。用于顽痰咳嗽，风痰眩晕，中风痰壅，口眼歪斜，半身不遂，癫痫，惊风，破伤风；外用治痈肿，蛇虫咬伤。

【通识拓展】张家界有着极其丰富的天南星属植物资源，该属植物所含成分大体相似，均可做天南星药用。张家界所产天南星属植物还有云台南星（Arisaema du-bois-reymondiae）、天南星（Arisaema heterophyllum）（图 2.53）、湘南星（Arisaema hunanense）、花南星（Arisaema lobatum）（图 2.54）、刺柄南星（Arisaema asperatum）、灯台莲（Arisaema sikokianum var. serratum）、象头花（Arisaema franchetianum）等。此外，半夏属的虎掌（Pinellia pedatisecta）也可作天南星药用，所含成分与天南星属植物近似。

图 2.53　天南星　　　　　　　　　　图 2.54　花南星

（二十九）竹节参（Panax japonicus）

【来源】五加科人参属植物。药用根茎，药材名竹节参。

【形态特征】多年生草本，高约 60 cm。地下有横卧呈竹鞭状的根状茎，肉质肥厚。茎直立，圆柱形，直径 2 ~ 5 mm，具纵条纹。掌状复叶，3 ~ 5 片轮生于茎端，叶柄细柔，长 4 ~ 9 cm，基部稍宽扁；小叶通常 5，最下 2 片形小，柄极短；小叶片薄膜质，倒卵形至倒卵状椭圆形，长 5 ~ 15 cm，宽 2 ~ 5.5 cm，先端长尖，基部楔形，边缘锯齿细密或呈重锯齿。伞形花序单生于总花梗顶端，直径约 2 cm；总花梗直立，长约 15 cm，小花多数，有细梗；萼绿色，先端 5 齿裂；花瓣 5，淡黄绿色，卵状三角形，先端尖；雄蕊 5。核果

浆果状。花期 5—6 月，果期 7—8 月。（图 2.55）

【分布与生境】桑植八大公山有分布，生于 1000 m 以上的山坡、沟边、林下。

【化学成分】根茎含竹节人参皂苷Ⅲ、Ⅳ、Ⅴ，人参皂苷 Rd、Re、Rg_1、Rg_2，三七皂苷 R_2，伪人参皂苷 F_{11}，竹节人参皂苷Ⅴ的甲酯、齐墩果酸-3-o-β-D-（6'-甲酯）-吡喃葡萄糖醛酸苷、齐墩果酸-28-o-β-D-吡喃葡萄糖

图 2.55　竹节参

苷、β-谷甾醇-3-o-β-D-吡喃葡萄糖苷，还含竹节人参多糖 A、B，大牻牛儿烯 D，β-檀香萜烯，β-金合欢烯等。此外还含天冬氨酸等 17 种氨基酸。

【药理作用】竹节参总皂苷有明显的镇痛、镇静作用和一定的抗惊厥作用，心脑缺血的保护作用，抗肿瘤作用，抑制体外培养的关节炎滑膜细胞增殖的作用。

【功能主治】补虚强壮，止咳祛痰，散瘀止血，消肿止痛。用于病后体弱，食欲不振，虚劳咳嗽，咯血，吐血，衄血，便血，尿血，倒经，崩漏，外伤出血，证瘕，瘀血经闭，产后血瘀腹痛，跌打损伤，风湿关节痛，痈肿，痔疮，毒蛇咬伤。

【通识拓展】本品为人参属植物，兼有人参的某些补益作用和三七的活血止血的作用，有开发利用的前景。

（三十）紫花前胡（Angelica decursiva）

【来源】伞形科当归属植物。药用根，药材名前胡。

【形态特征】多年生草本，高 1～2 m。根圆锥状，有少数分枝，外表棕黄色至棕褐色。茎直立，常为紫色，有纵沟纹。根生叶和茎生叶有长柄，基部膨大成圆形的紫色叶鞘，抱茎；叶片三角形至卵圆形，长 10～25 cm，一回三全裂或一至二回羽状分裂；侧方裂片和顶端裂片的基部联合，沿叶轴呈翅状延长，翅边缘有锯齿；茎上部叶简化成囊状膨大的紫色叶鞘。复伞形花序顶生和侧生，花序梗长 3～8 cm；伞辐 10～22，长 2～4 cm；总苞片 1～3，卵圆形，紫色；小总苞片 3～8，线形至披针形；花深紫色，花瓣倒卵形或椭圆状披针形，花药暗紫色。果实长圆形至卵状圆形，长 4～7 mm，宽 3～5 mm，背棱线形隆起，尖锐，侧棱有较厚的狭翅，棱槽内有油管 1～3，合生面油管

4～6。花期 8—9 月，果期 9—11 月。（图 2.56）

图 2.56 紫花前胡

【分布与生境】全市各地农村作当归栽培。

【化学成分】根含香豆精类化合物：包括紫花前胡素（decur-sidin），紫花前胡素 C-Ⅰ，紫花前胡素 C-Ⅱ，紫花前胡素 C-Ⅳ，紫花前胡素 C-Ⅴ，紫花前胡素 Ⅰ；香豆精糖苷类化合物：包括紫花前胡苷，紫花前胡苷Ⅰ、Ⅱ、Ⅲ、Ⅳ及Ⅴ；皂苷：包括紫花前胡皂苷Ⅰ、Ⅱ、Ⅲ、Ⅳ及Ⅴ。

【药理作用】药理研究表明，紫花前胡苷具有抗炎、抗过敏、抗氧化等多种生物活性；有抗过敏性哮喘鼠气道炎性反应。

【功能主治】散风清热，降气化痰。用于风热咳嗽痰多，痰热喘满，咯痰黄稠。

【通识拓展】中药材前胡的另一正品来源前胡（Peucedanum praeruptorum）（图 2.57）张家界各地广布。这里之所以专门介绍紫花前胡，是因为紫花前胡是张家界民间栽培的传统药材，但人们不把紫花前胡当前胡用，而是作当归用，这种民间用法与国内很多地方的用法一致。据考证，在我国，紫花前胡在古代一直是作为当归的代用品使用的，直到 20 世纪 50 年代以来才开始作为前胡使用。

图 2.57 前胡

第三章

三月三，地菜煮鸡蛋

——张家界野菜植物资源

一、张家界野菜植物资源概况

广义的植物比我们通常所说的植物的范围宽，不仅包括高等植物，即蕨类植物、裸子植物和被子植物，也包括低等植物，即藻类、菌类和地衣。野菜植物资源也就包括了低等植物和高等植物中各种可作野菜食用的植物资源。张家界分布的植物野菜种类繁多，我们也可从低等植物和高等植物两方面来讨论。

在低等植物方面，张家界出产的野菜主要有以下三类：

张家界出产的藻类野菜有俗称地木耳的念珠藻科藻类普通念珠藻。

张家界出产的可供食用的大型真菌主要有羊肚菌科大型真菌羊肚菌，银耳科大型真菌银耳、血红银耳，木耳科大型真菌黑木耳、毛木耳，裂褶菌科大型真菌裂褶菌，多孔菌科的糙皮侧耳、革耳，粪伞科的田头菇，球盖菇科的毛柄库恩菌、多脂鳞伞、金盖鳞伞，口蘑科的蜜环菌、毛长根小奥德蘑、霉状小奥德蘑、长根小奥德蘑、宽褶拟口蘑、香菇、油口蘑，牛肝菌科的松林小牛肝菌，铆钉菇科的铆钉菇，红菇科的松乳菇、红汁乳菇、多汁乳菇、蓝黄红菇、美味红菇、鳞盖红菇，马勃科的网纹马勃、梨形马勃、头状秃马勃。在这些大型真菌中，张家界市民普遍食用的是松乳菇和红汁乳菇。

张家界出产和食用的地衣类野菜有石耳科石耳的地衣体。

在高等植物方面，裸子植物少有作野菜的，野菜主要有蕨类野菜和被子植物类野菜。

张家界出产的蕨类野菜主要有紫萁科植物紫萁，蕨科植物蕨、毛轴蕨。其中，蕨是张家界市民普遍食用的蕨类野菜，食用部位为嫩茎和根茎上所含淀粉。

张家界有丰富的被子植物野菜资源，张家界市民普遍食用的有10余种，包括：三白草科植物蕺菜的根，通称鱼腥草，俗称折耳根；马齿苋科植物马齿苋的嫩茎叶；樟科植物山鸡椒、木姜子、毛木姜子的幼果，张家界俗称山胡椒、辣姜子；十字花科植物荠的嫩叶，张家界俗称地米菜；豆科植物葛、粉葛的根，俗称葛根；楝科植物香椿的嫩叶芽；伞形科植物鸭儿芹的嫩叶，张家界俗称鸭脚板，伞形科植物水芹的嫩茎叶，俗称水芹菜；菊科植物魁蒿的嫩叶，张家界俗称粑粑蒿；禾本科竹亚科多种竹类的嫩笋；百合科植物薤白的全株，通称小根蒜，张家界俗称藠儿。

张家界出产的野菜中，偶尔有人采食的植物野菜有荨麻科植物糯米团、荨麻的嫩茎叶；藜科植物藜的嫩叶；苋科植物喜旱莲子草、莲子草、绿穗苋、凹头苋、繁穗苋、刺苋、皱果苋、青葙的嫩茎叶；豆科植物紫云英、白车轴草、救荒野豌豆的嫩茎叶，锦鸡儿、刺槐的花，土圞儿的块根；芸香科植物竹叶花椒的嫩叶、果实；五加科植物楤木的嫩叶芽；马鞭草科植物豆腐柴的叶（做绿豆腐用）；车前科植物车前的嫩叶；葫芦科植物栝楼、中华栝楼的嫩叶；桔梗科植物杏叶沙参的嫩叶；菊科植物白苞蒿、野茼蒿、鼠麴草的嫩叶；百合科植物萱草的嫩叶和花，百合、卷丹的鳞茎。

张家界市民基本不食用的野菜植物有很多，包括榆科植物榆树的嫩翅果（榆钱）；桑科植物薜荔的果实（做凉粉用）；荨麻科植物苎麻的嫩叶；蓼科植物酸模叶蓼、水蓼、酸模、齿果酸模、羊蹄、巴天酸模、尼泊尔酸模、长刺酸模、钝叶酸模的嫩叶；苋科植物牛膝的嫩叶；商陆科植物商陆、垂序商陆的嫩叶；十字花科植物蔊菜、碎米荠、大叶碎米荠、露珠碎米荠、薄菜、无瓣蔊菜、沼生蔊菜的嫩叶；豆科植物天蓝苜蓿的嫩叶；堇菜科植物紫花地丁的嫩叶；虎耳草科植物扯根菜的嫩叶；石竹科植物鹅肠菜、繁缕、鸡肠繁缕的嫩叶；五加科植物细柱五加、白簕的嫩叶；旋花科植物打碗花的根和嫩茎叶；唇形科植物地笋、甘露子的块茎；茄科植物龙葵、少花龙葵、枸杞的嫩茎叶；茜草科植物鸡矢藤的嫩叶；败酱科植物败酱、少蕊败酱、攀倒甑的嫩叶；菊科植物三脉紫菀、鬼针草、狼杷草、野菊、马兰、牡蒿、牛蒡、刺儿菜、蓟、泥胡菜、蒲公英、苦苣菜、苣荬菜、花叶滇苦菜、黄鹌菜、中华小苦荬、抱茎小苦荬、翅果菊的嫩叶；香蒲科植物香蒲、水烛的幼叶基部和根状茎；鸭跖草科植物鸭跖草、饭包草的嫩叶；百合科植物牛尾菜的嫩叶。

二、张家界主要野菜资源选介

（一）白苞蒿（Artemisia lactiflora）

【来源】菊科蒿属植物白苞蒿的嫩茎叶，俗称四季菜。

【形态特征】多年生草本。茎直立，高 60～120 cm。叶形多变异，长 7～18 cm，宽 5～12 cm，一次或二次羽状深裂，中裂片又常三裂，裂片有深或浅锯齿，顶端渐尖；上部叶小，细裂或不裂。头状花序极多数，在枝端排列成短或长的复总状花序；总苞片白色或黄白色，约 4 层，卵形；花浅黄色，外层雌性，内层两性。瘦果矩圆形，长达 1.5 mm。花、果期 8—11 月。（图 3.1、图 3.2）

图 3.1　白苞蒿（1）　　　　图 3.2　白苞蒿（2）

【分布与生境】全市广布，多生于林下、林缘、山谷等较湿润的中海拔地带。

【营养成分】白苞蒿含挥发油，未见相关营养成分的准确报道。

【食谱举例】炒四季菜：将四季菜洗净，锅里放油，将菜下锅翻炒，放适量精盐入味即可。

【通识拓展】在桑植县的一些村庄，有人在房前屋后种植白苞蒿，但误认为是"芹菜"，可能是因为两者均含挥发油，味道有些相似。

（二）车前（Plantago asiatica）

【来源】车前科车前属植物车前的嫩叶，俗称车前草。

【形态特征】草本。须根多数。叶基生呈莲座状，平卧、斜展或直立；叶片宽卵形至宽椭圆形，长 4～12 cm，宽 2.5～6.5 cm，脉 5～7 条；叶柄长 2～15（～27）cm，基部扩大成鞘。花序 3～10 个，直立；花序梗长 5～30 cm；

穗状花序细圆柱状，长 3～40 cm。花具短梗；花冠白色，裂片狭三角形，长约 1.5 mm。蒴果纺锤状卵形、卵球形或圆锥状卵形。种子 5～6（～12），卵状椭圆形或椭圆形，长 1.5～2 mm，具角，黑褐色至黑色。花期 4—8 月，果期 6—9 月。（图 3.3）

图 3.3　车前

【分布与生境】全市广布，生于草地、沟边、河岸、田边、路旁或村边。

【营养成分】每 100 g 鲜叶含碳水化合物 10 g，蛋白质 4 g，脂肪 1 g，胡萝卜素 5.8 mg，维生素 C23 mg，钙 309 mg，磷 175 mg，铁 25 mg。

【食谱举例】车前叶稀饭：将车前叶洗净，切段；将粳米淘后放入锅内，倒入冷水，煮至九成熟，放入车前叶继续煮，放少许猪油、精盐、生姜，至粥浓入味即可。车前草腌菜：将车前草嫩叶洗净，晾晒至半干，切碎，装入坛中，放适量精盐，拌匀，压紧，密封，三周以后即可取出食用。

【通识拓展】车前的种子是常用中药材，药材名车前子，有清热利尿，渗湿通淋，明目，祛痰的功效，用于水肿胀满，热淋涩痛，暑湿泄泻，目赤肿痛，痰热咳嗽。车前的全草也可药用，功效与车前子基本相同。

（三）葛（Pueraria lobata）

【来源】豆科葛属植物葛的根所含淀粉，通称葛粉。

【形态特征】多年生藤本。长可达 8 m，全体被黄色长硬毛，茎基部木质，块根肥厚。羽状复叶具 3 小叶；托叶背着，卵状长圆形；小叶三裂，偶尔全缘，顶生小叶宽卵形或斜卵形，长 7～15（～19）cm，宽 5～12（～18）cm，侧生小叶斜卵形，稍小。总状花序腋生，花冠长 10～12 mm，紫色。荚果长椭圆形，长 5～9 cm，宽 8～11 mm，扁平，被褐色长硬毛。花期 9—10 月，

果期 11—12 月。（图 3.4）

图 3.4 葛

【分布与生境】全市广布，生于路旁、山地、林下。

【营养成分】每 100 g 含蛋白质 1.5 g，脂肪 0.2 g，碳水化合物 45.6 g，维生素 B_1 0.04 mg，维生素 B_2 0.01 mg，维生素 C 19 mg，钙 133 mg，磷 44 mg，铁 1.6 mg。

【食谱举例】葛粉羹：将葛粉放进碗中，放少量白砂糖，用开水冲泡，用匙调匀成羹即可。葛粑粑：将葛粉调成稀糊状，将锅烧热，将葛根糊倒进锅里，摊开，温火煎成大饼状，起锅，稍凉后切成块状；锅里放油，烧热，将葛根块放进锅里煎至略焦，放入适量精盐和佐料即可。

【通识拓展】葛粉的做法：先将葛根洗净，粉碎，打成浆，加入清水洗涤并不断搅拌，过滤，使淀粉与根渣分离，将淀粉液置于桶中自然沉降，数小时后倒去上层清水即得初级淀粉。将初级湿淀粉用清水漂洗，再次过滤沉淀，即得精制湿淀粉，将其粉碎干燥即成。张家界市永定区民众在加工葛粉时，习惯将少量顶芽狗脊蕨的根状茎与葛根一同粉碎，说是能加速葛粉的沉淀。另外，葛根还可药用，能够解肌退热，生津止渴，透疹，升阳止泻，通经活络，解酒毒。用于外感发热头痛，项背强痛，口渴，消渴，麻疹不透，热痢，泄泻，眩晕头痛，中风偏瘫，胸痹心痛，酒毒伤中。

（四）枸杞（Lycium chinense）

【来源】茄科枸杞属植物枸杞的嫩茎叶，俗称枸杞菜、枸杞头。

【形态特征】灌木。多分枝，枝条细长，淡灰色，有纵条纹，常具短棘刺。叶纸质，单叶互生或 2～4 枚簇生，卵形、卵状菱形、长椭圆形、卵状披针形，长 1.5～5 cm，宽 0.5～2.5 cm，栽培者较大。花在长枝上单生或双生于叶腋，在短枝上则同叶簇生；花梗长 1~2 cm，花冠漏斗状，长 9~12 mm，淡紫色，5 深裂。浆果红色，卵状。种子扁肾脏形，黄色。花、果期 6—11 月。（图 3.5、图 3.6）

图 3.5　枸杞（1）　　　　　　图 3.6　枸杞（2）

【分布与生境】全市各地散见，常生于村庄、路旁、河边、山坡。

【营养成分】每 100 g 含蛋白质 3 g，脂肪 1 g，碳水化合物 8 g，胡萝卜素 3.96 mg，维生素 B_1 0.23 mg，维生素 B_2 0.33 mg，维生素 C 3 mg，钙 15.5 mg，磷 67 mg，铁 3.4 mg。

【食谱举例】枸杞菜炒肉片：将猪里脊肉切成片，新鲜红辣椒斜切成条状，枸杞菜焯一下捞出备用；锅里放油，烧热，将里脊肉片倒进锅内翻炒至七成熟，放入辣椒，再将枸杞菜倒入锅内继续翻炒，放适量精盐和佐料，炒至入味即可。

【通识拓展】枸杞是常用中药材，果实和根皮药用。果实：药材名枸杞子，有滋补肝肾，益精明目的功效；用于虚劳精亏，腰膝酸痛，眩晕耳鸣，内热消渴，血虚萎黄，目昏不明。根皮：药材名地骨皮，有凉血除蒸，清肺降火的功效；用于阴虚潮热，骨蒸盗汗，肺热咳嗽，咯血，衄血，内热消渴。

（五）蕺菜（Houttuynia cordata）

【来源】三白草科蕺菜属植物蕺菜的根茎和嫩茎叶，俗称鱼腥草、折耳根。

【形态特征】多年生草本。高 30~60 cm，有特殊腥味；根茎多节，色白。地上茎直立，有时带紫红色。叶互生，心形，长 4~10 cm，宽 2.5~6 cm，背面常呈紫红色。托叶膜质，长 1~2.5 cm，与叶柄合生而长成 8~20 mm 的鞘，略抱茎。穗状花序生于茎顶，总苞片 4 片，长圆形或倒卵形，长 10~15 mm，宽 5~7 mm，顶端钝圆。蒴果顶端开裂。花期 4—7 月。（图 3.7）

【分布与生境】全市广布，生于路边、田埂、溪边或林下湿地上。

【营养成分】嫩茎叶每 100 g 含胡萝卜素 2.59 mg，维生素 C 56 mg。

图 3.7 蕺菜

【食谱举例】拌折耳根：将蕺菜的根茎洗净，切成段（可切得很短，也可长达 1～2 cm 左右），装盘，放适量的醋、精盐和麻油（也可浇热菜油）即可。炒折耳根苗：初春至夏初采蕺菜幼苗，洗净，将较长的苗折成若干段；放油，烧热，将蕺菜苗下锅爆炒，放盐和自己喜爱的佐料即可。

【通识拓展】蕺菜是常用中草药，药材名鱼腥草。本品含黄酮类、酚类成分和挥发油，具有广谱抗菌作用，抗炎、镇痛作用，抑制平滑肌收缩作用，增强免疫功能和利尿作用。本品具有清热解毒，消痈排脓，利尿通淋的功效，用于肺痈吐脓，痰热喘咳，热痢，热淋，痈肿疮毒。

（六）荠（Capsella bursa-pastoris）

【来源】十字花科荠属植物荠的嫩茎叶，通称荠菜，俗称地菜、地米菜。

【形态特征】一年或二年生草本，高 10～50 cm。基生叶丛生呈莲座状，大头羽状分裂，顶裂片卵形至长圆形，侧裂片 3～8 对，长圆形至卵形；茎生叶窄披针形或披针形，基部箭形，抱茎，边缘有缺刻或锯齿。总状花序顶生及腋生；花瓣 4，白色，卵形。短角果倒三角形或倒心状三角形，扁平，顶端微凹，裂瓣具网脉；种子 2 行，长椭圆形，浅褐色。花、果期 4—6 月。（图 3.8、图 3.9）

图 3.8 荠（1）

图 3.9 荠（1）

【分布与生境】全市广布，生在路旁、田边和山坡。

【营养成分】每 100 g 含蛋白质 5.3 g，脂肪 0.4 g，碳水化合物 6 g，胡萝卜素 3.2 mg，钙 420 mg，磷 73 mg，铁 6.3 mg。

【食谱举例】炒荠菜：将荠菜洗净，锅里放油，将荠菜下锅翻炒，放适量精盐即可。荠菜蛋汤：将荠菜洗净，将鸡蛋打入碗中，适当搅拌；锅内放油烧热，放适量水烧沸，将鸡蛋倒入锅内成蛋花，倒入荠菜，放适量精盐及鸡精，至菜熟入味即可。荠菜饺子：将荠菜、瘦肉、韭菜切碎，加盐适量，拌匀成馅，将面粉揉成饺子面皮，包成饺子；将水放进锅内烧沸，将饺子下锅、煮熟，捞出，蘸上调料即可。

【通识拓展】"三月三，地菜煮鸡蛋"，农历三月初三张家界及其周边地区民众有用荠菜煮鸡蛋吃的习俗。

（七）蕨（Pteridium aquilinum var. latiusculum）

【来源】蕨科蕨属植物蕨的嫩茎叶和根状茎的淀粉，前者叫蕨菜，后者叫蕨粉。

【形态特征】多年生草本，植株高可达 1 m。根状茎长而横走。叶远生，二至三回羽状复叶；柄长 20 ～ 80 cm，基部粗 3 ～ 6 mm，褐棕色或棕禾秆色；叶片阔三角形或长圆三角形，长 30 ～ 60 cm，宽 20 ～ 45 cm，下部羽片对生，有长柄，三角形，二回羽状深裂；上部羽片近互生，羽状全裂或半裂；孢子囊群线性沿小羽片边缘连续着生，囊群盖 2 层。（图 3.10）

图 3.10　蕨

【分布与生境】全市各地广布，生山地及森林边缘阳光充足的地方。

【营养成分】每 100 g 鲜蕨菜含蛋白质 1.6 g，碳水化合物 10 g，钙 24 mg，磷 29 mg，胡萝卜素 1.68 mg，维生素 C 35 mg。

【食谱举例】炒蕨菜：将采回的新鲜蕨菜洗净，用开水焯透，沥水，切段；

将油烧热，将蕨菜爆炒至入味即可。

【通识拓展】蕨菜是人们最喜爱的野菜之一，但蕨含致癌物质原蕨苷，尤其是嫩茎叶部分的含量最高。开水焯蕨菜的办法可致原蕨苷大幅下降，但无法完全消除原蕨苷。从维护生命健康的角度上说，人们应尽量少吃蕨菜。另外，蕨的根茎含淀粉也可作菜。

（八）紫萁（Osmunda japonica）

【来源】紫萁科紫萁属植物的嫩叶柄，俗称薇菜。

【形态特征】植株高 50～80 cm。叶簇生，叶片为三角广卵形，长 30～50 cm，宽 25～40 cm，顶部一回羽状，其下为二回羽状；羽片 3～5 对，对生，长圆形，长 15～25 cm，基部宽 8～11 cm，基部一对稍大，有柄，斜向上，奇数羽状；小羽片 5～9 对，对生或近对生，长 4～7cm，宽 1.5～1.8 cm，长圆形或长圆披针形。孢子叶（能育叶）同营养叶等高，或经常稍高，羽片和小羽片均短缩，小羽片变成线形，长 1.5～2 cm，沿中肋两侧背面密生孢子囊。

【分布与生境】全市各地散见，生于林下或溪边酸性土壤。（图 3.11）

图 3.11 紫萁

【营养成分】每 100 g 薇菜含蛋白质 2.2 g，脂肪 0.19 g，碳水化合物 4.3 g，胡萝卜素 1.68 mg。

【食谱举例】薇菜炒里脊片：将薇菜切成段，猪肉切成片。锅烧热放里脊肉片翻炒至水干，放入酱油，加入葱、姜翻炒至肉八成熟，加入精盐、料酒、胡椒粉和适量水，继续翻炒，加入薇菜炒熟，加适量精盐及鸡精等佐料即可。

【通识拓展】紫萁不含致癌成分原蕨苷，喜爱蕨菜的人们可尝试用薇菜代替蕨菜。紫萁还是中药材贯众的商品来源之一，有清热解毒、止血、杀虫的功效。

（九）魁蒿（Artemisia princeps）

【来源】菊科蒿属植物魁蒿的嫩叶，俗称白蒿、粑粑蒿。

【形态特征】多年生草本。茎直立，高 60 ~ 120 cm，中部以上多开展或斜升的分枝。下部叶在花期枯萎；中部叶长 6 ~ 10 cm，宽 4 ~ 8 cm，羽状深裂，侧裂片常 2 对，裂片矩圆形，顶端急尖，边缘有疏齿或无齿，上面绿色，无毛，下面被灰白色密茸毛；上部叶小，有 3 裂片或不裂，基部常有抱茎的假托叶。头状花序极多数，常下倾，在茎及枝端密集成复总状；总苞片 3 ~ 4 层，矩圆形；花黄色，内层两性，外层雌性。瘦果椭圆形。花、果期 7—11 月。（图 3.12）

图 3.12　魁蒿

【分布与生境】全市广布，生于路旁、山坡、灌丛、林缘及沟边。

【营养成分】尚未见相关营养成分的报道。

【食谱举例】蒿子粑粑：将魁蒿嫩叶洗净，搓揉或捣碎，榨出汁；用糯米面和籼米粉（各占一半的比例）揉成面团，掺进蒿汁，揉匀，包馅（馅可根据自己的喜好制作），蒸熟即可。

【通识拓展】张家界市民习惯用魁蒿做蒿子粑粑，实际上张家界分布的多种蒿属（Artemisia）植物都可以做蒿子粑粑，主要包括艾（Artemisia argyi）（图 3.13）、五月艾（Artemisia indices）、野艾蒿（Artemisia lavandulaefolia）等。

图 3.13　艾

（十）藜（Chenopodium album）

【来源】藜科藜属植物藜的嫩茎叶，俗称灰菜、灰灰菜、灰普苋（桑植）。

【形态特征】一年生草本，高 30～150 cm。茎直立，粗壮，多分枝。叶片菱状卵形至宽披针形，长 3～6 cm，宽 2.5～5 cm，先端急尖或微钝，基部楔形至宽楔形，上面通常无粉，下面多少有粉，边缘具不整齐锯齿。花簇于枝上部排列成或大或小的穗状圆锥状或圆锥状花序；花被裂片 5，宽卵形至椭圆形，有粉，先端或微凹；雄蕊 5，花药伸出花被，柱头 2。果皮与种子贴生。花、果期 5—10 月。（图 3.14）

图 3.14　藜

【分布与生境】全市广布，生于路旁、荒地及田间。

【营养成分】每 100 g 鲜茎叶含蛋白质 3.5 g，脂肪 0.8 g，胡萝卜素 6.33 mg，维生素 C 167 mg，钙 209 mg，磷 70 mg，铁 0.9 mg。

【食谱举例】炒灰菜：将灰菜洗净，搓揉掉叶片上的白粉；锅里放油，将灰菜下锅翻炒，放适量精盐，炒熟入味即可。灰菜蛋汤：将灰菜洗净，搓揉掉叶片上的白粉；将西红柿切成薄片，葱切成段，鸡蛋打入碗中备用。将锅烧热，放猪油，放适量水，烧沸，倒入鸡蛋，搅拌成蛋花，倒入西红柿、灰菜，放适量精盐及鸡精，至西红柿、灰菜煮熟、入味，放入葱即可。

【通识拓展】灰菜味似苋菜，且更加嫩滑，是比较理想的野菜，但不宜多吃，尤其是具过敏性体质的人群应尽量少吃，以免引发日光性皮炎。

（十一）马齿苋（Portulaca oleracea）

【来源】马齿苋科马齿苋属植物马齿苋的茎叶。

【形态特征】一年生肉质草本，全株无毛。茎平卧或斜升，多分枝，圆柱形。叶互生，有时近对生，叶片扁平，肥厚，倒卵形，似马齿状，长 1～3 cm，宽 0.6～1.5 cm，顶端圆钝或平截，有时微凹，基部楔形，全缘，叶柄粗短。花瓣 5，稀 4，黄色，倒卵形，长 3～5 mm，顶端微凹。蒴果卵球形，长约 5 mm，盖裂；种子细小，多数。花期 5—8 月，果期 6—9 月。（图 3.15）

图 3.15　马齿苋

【分布与生境】全市广布，生于路旁、菜园、田间，为常见杂草。

【营养成分】每 100 g 鲜茎叶含蛋白质 2.3 g，碳水化合物 3 g，胡萝卜素 2.23 mg，维生素 C 23 mg，钙 85 mg，磷 56 g，铁 1.5 mg。

【食谱举例】拌马齿苋：将马齿苋洗净，开水焯透，装盘，放入辣椒末、蒜末、生姜末等配料，放适量精盐和麻油（也可浇热油），拌匀即可。

【通识拓展】马齿苋不仅可作野菜食用，也是常用中草药。本品有广谱抗菌作用，有显著的降血脂、降血糖作用和抗衰老作用。有清热解毒、凉血止血、止痢的功效，适用于热毒血痢，便血，痔血，崩漏下血；外用治疗疮肿毒，湿疹，丹毒，带状疱疹，蛇虫咬伤。

（十二）马兰（Kalimeris indica）

【来源】菊科马兰属植物马兰的苗或嫩茎叶，俗称马兰头。

【形态特征】茎直立，高 30～70 cm。基部叶在花期枯萎；茎部叶倒披针形或倒卵状矩圆形，长 3～6 cm，宽 0.8～2 cm，边缘从中部以上具有小尖头的钝或尖齿或有羽状裂片，上部叶小，全缘。头状花序单生于枝端并排列成疏伞房状。总苞片 2～3 层，覆瓦状排列；舌状花 1 层，15～20 个，浅紫色，长达 10 mm，宽 1.5～2 mm；管状花长 3.5 mm。瘦果倒卵状矩圆形，极扁，长 1.5～2 mm，宽 1 mm。花期 5—9 月，果期 8—10 月。（图 3.16、图 3.17）

图 3.16 马兰（1）

图 3.17 马兰（2）

【分布与生境】全市广布，生于路边、林缘、荒草丛中。

【营养成分】每 100 g 嫩茎叶含胡萝卜素 31.5 mg，维生素 B_2 0.36 mg，维生素 C 36 mg，钙 145 mg，磷 69 mg，铁 6.2 mg。

【食谱举例】拌马兰头：将马兰嫩茎叶洗净，用开水焯透，装盘，配上佐料，适量精盐、麻油，拌匀即可。马兰炒鸡蛋：将马兰嫩茎叶洗净，用开水焯透，切碎；将鸡蛋打入碗中；锅里放油，烧热，倒入鸡蛋，摊开，两面至七成熟，倒入马兰头，放适量精盐，炒至入味，放鸡精等佐料即可。

【通识拓展】马兰全草可药用，有清热解毒、凉血止血的功效；用于感冒，咳嗽，咽痛喉痹，吐血，衄血，血痢，崩漏，创伤出血，小儿疳积等。

（十三）蒲公英（Taraxacum mongolicum）

【来源】菊科蒲公英属植物蒲公英的嫩叶。

【形态特征】多年生草本。根垂直，叶莲座状平展，矩圆状倒披针形或倒披针形，长 5 ~ 15 cm，宽 1 ~ 5.5 cm，倒羽状深裂、浅裂或仅具波状齿。花葶数个，与叶多少等长。总苞淡绿色，外层总苞片卵状披针形至披针形，舌状花黄色。瘦果长圆形，褐色，冠毛白色。花期 4—9 月，果期 5—10 月。（图 3.18）

图 3.18 蒲公英

【分布与生境】全市广布，生于田野、路边、草地、山坡。

【营养成分】每 100 g 鲜叶含蛋白质 4.8 g，脂肪 1.1 g，胡萝卜素 7.35 mg，维生素 B_1 0.03 mg，维生素 B_2 0.39 mg，维生素 C 47 mg，钙 216 mg，磷 175 mg，铁 10.2 mg。

【食谱举例】拌蒲公英：将蒲公英洗净，开水焯透，装盘，放入辣椒末、蒜末、生姜末等配料，放适量精盐和麻油（也可浇热油），拌匀即可。

【通识拓展】菊科中有多种植物可按上述办法制作凉拌菜，这些植物包括：小苦荬属的中华小苦荬（Ixeridium chinense）（图 3.19）、抱茎小苦荬（Ixeridium sonchifolium），苦荬菜属的苦荬菜（Ixeris polycephala），翅果菊属的翅果菊（Pterocypsela indica）（图 3.20），苦苣菜属的苣荬菜（Sonchus arvensis）（图 3.21）、苦苣菜（Sonchus oleraceus）、花叶滇苦菜（Sonchus asper），黄鹤菜属的黄鹤菜（Youngia japonica）、长花黄鹤菜（Youngia longiflora）等。

 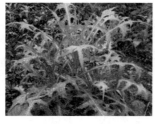 

图 3.19　中华小苦荬　　　图 3.20　翅果菊　　　图 3.21　苣荬菜

（十四）鼠麴草（Gnaphalium affine）

【来源】菊科鼠麴草属植物鼠麴草的嫩茎叶，也写作鼠曲草。

【形态特征】一年生草本，高 10～40 cm 或更高，被白色厚棉毛。叶无柄，匙状倒披针形或倒卵状匙形，长 5～7 cm，宽 11～14 mm，上部叶小，两面被白色棉毛。头状花序较多或较少数，在枝顶密集成伞房花序，花黄色至淡黄色；总苞钟形，总苞片 2～3 层，金黄色或柠檬黄色。雌花多数，花冠细管状，长约 2 mm，3 齿裂。两性花较少，管状。瘦果倒卵形或倒卵状圆柱形，长约 0.5 mm。花期 1—4 月，8—11 月。（图 3.22）

【分布与生境】全市广布，多生于路边、低头、林缘。

【营养成分】每 100 g 含蛋白质 3.1 克，脂肪 0.6 g，碳水化合物 7 g，胡萝卜素 2.19 mg，维生素 B_2 0.24 mg，尼克酸 1.4 mg，维生素 C 28 mg，钙

2.18 mg，磷 66 mg，铁 7.4 mg。

图 3.22　鼠麹草

【食谱举例】鼠麹草粑粑：做法与蒿子粑粑相同。

【通识拓展】鼠麹草全草可药用，有止咳平喘、降血压、祛风湿的功效。用于感冒咳嗽，支气管炎，哮喘，高血压，蚕豆病，风湿腰腿痛；外用治跌打损伤，毒蛇咬伤。

（十五）野茼蒿（Crassocephalum crepidioides）

【来源】菊科野茼蒿属植物野茼蒿的嫩茎叶，俗称芝麻菜（桑植）。

【形态特征】直立草本，高 20～120 cm。茎有纵条棱，椭圆形或长圆状椭圆形，长 7～12 cm，宽 4～5 cm，基部楔形，边缘有不规则锯齿或重锯齿，或有时基部羽状裂。头状花序数个在茎端排成伞房状，直径约 3 cm，总苞钟状；总苞片 1 层，小花全部管状，两性，花冠红褐色或橙红色，檐部 5 齿裂。瘦果狭圆柱形，赤红色，有肋，被毛。花期 7—12 月。（图 3.23）

图 3.23　野茼蒿

【分布与生境】全市广布，路旁、田间地头、荒地中常见。

【营养成分】每 100 g 鲜品含蛋白质 1.1 g，脂肪 0.2 g，胡萝卜素 3.6 mg，维生素 B$_2$ 0.27 mg，维生素 C 56 mg，钙 150 mg，磷 120 mg。

【食谱举例】炒野茼蒿：洗净，锅里放油，将菜下锅翻炒，放适量精盐即可。

【通识拓展】野茼蒿，又名革命菜，是因为在过去的战争年代，革命战士曾用它来充饥。

（十六）山鸡椒（Litsea cubeba）

【来源】樟科木姜子属植物山鸡椒的幼果，俗称山胡椒（桑植）、辣姜子（永定）。

【形态特征】落叶灌木或小乔木。树皮幼时黄绿色，光滑，老时灰褐色；小枝细瘦。叶互生，纸质，有香气，矩圆形或披针形，长 7～11 cm，宽 1.4～2.4 cm，上面深绿色，下面带绿苍白色。雌雄异株；伞形花序先叶而出，总花梗纤细，有花 4～6 朵；花小；花被片 6，椭圆形；能育雄蕊 9。果实近球形，直径 4～5 mm，幼时绿色，熟时黑色。花期 2—3 月，果期 7—8 月。（图 3.24）

图 3.24　山鸡椒

【分布与生境】全市各区县均产，桑植分布较多，生于山地阳坡杂木林中或林缘。

【营养成分】每 100 g 鲜品含胡萝卜素 5.76 mg，维生素 B$_2$ 0.22 mg，维生素 C 78 mg。

【食谱举例】炒山胡椒：将采摘来的木姜子去掉果柄，洗净，沥水；锅里放油，烧热，放进木姜子翻炒，放适量精盐至熟即可；炒木姜子耐储存，可以分多次吃。山胡椒炒黄瓜：将采摘来的木姜子去掉果柄，洗净，沥水；将黄瓜切成片；锅里放油，烧热，放进黄瓜翻炒，待七成熟时放少量木姜子，并适量精盐，翻炒至熟即可。

【通识拓展】张家界分布的木姜子属植物中可以和山鸡椒同等食用的还

有：木姜子（Litsea pungens）、毛叶木姜子（Litsea mollis）（图 3.25）。

图 3.25 毛叶木姜子

（十七）水芹（Oenanthe javanica）

【来源】伞形科水芹属植物水芹的嫩茎叶，俗称水芹菜、野芹菜。

【形态特征】多年生草本，高 15～80 cm。基生叶有柄，柄长达 10 cm，基部有叶鞘；叶片轮廓三角形，1～2 回羽状分裂，末回裂片卵形至菱状披针形，边缘有牙齿或圆齿状锯齿；茎上部叶无柄，裂片和基生叶的裂片相似，较小。复伞形花序顶生，小伞形花序有花 20 余朵，花瓣白色，倒卵形。果实近于四角状椭圆形或筒状长圆形。花期 6—7 月，果期 8—9 月。（图 3.26）

图 3.26 水芹

【分布与生境】全市广布，多生于浅水低洼地方或池塘、水沟旁。

【营养成分】每 100 g 含蛋白质 2.8 g，脂肪 0.6 g，碳水化合物 4 g，胡萝卜素 4.28 mg，维生素 C 39 mg，维生素 B_2 0.39 mg，维生素 B_3 1.1 mg，钙 160 mg，磷 61 mg，铁 8.5 mg。

【食谱举例】炒水芹菜：将水芹洗净，切段；将干辣椒也切成段；锅里放油，烧热，将辣椒放进锅里炸一下，将水芹倒入锅中翻炒至熟，放适量精盐和鸡精等佐料即可。

【通识拓展】武陵源（张家界国家森林公园）、永定（天门山镇）等地产同属植物线叶水芹（Oenanthe linearis）（图 3.27），幼苗也可作野菜，只是张家界民众尚无食用习惯。

图 3.27　线叶水芹

（十八）香椿（Toona sinensis）

【来源】楝科香椿属植物香椿的嫩叶芽。

【形态特征】落叶乔木。叶为偶数羽状复叶，小叶 16～20，对生或互生，纸质，卵状披针形或卵状长椭圆形，长 9～15 cm，宽 2.5～4 cm，边全缘或有疏离的小锯齿。圆锥花序与叶等长或更长，被稀疏的锈色短柔毛或有时近无毛，小聚伞花序生于短的小枝上，多花；花瓣 5，白色，雄蕊 10。蒴果狭椭圆形，长 2～3.5 cm；种子基部通常钝，上端有膜质的长翅。花期 6—8 月，果期 10—12 月。（图 3.28、图 3.29）

图 3.28　香椿（1）

图 3.29 香椿（2）

【分布与生境】全市广布，生于村庄周围、山地杂木林或疏林中。

【营养成分】每 100 g 鲜品含蛋白质 5.7 克，脂肪 0.4 g，碳水化合物 7.2 g，胡萝卜素 0.93 mg，维生素 B₁ 0.21 mg，维生素 B₂ 0.13 mg，钙 110 mg，磷 120 mg，铁 3.4 mg。

【食谱举例】香椿炒鸡蛋：将新鲜香椿用开水焯一下，捞出，切成段；锅内放油，烧热，放入香椿，打入鸡蛋，摊匀，翻炒至熟，放适量精盐即可。油炸香椿：将新鲜香椿用开水焯后，晾干或者晒干，切成小段；锅里放油，倒入干香椿煎炸，放适量精盐即可。

【通识拓展】香椿木材黄褐色而具红色环带，纹理美丽，质坚硬，有光泽，耐腐力强，易施工，为家具、室内装饰品及造船的优良木材；根皮及果入药，有收敛止血、去湿止痛之功效。

（十九）毛竹（Phyllostachys edulis）

【来源】禾本科刚竹属植物毛竹的嫩笋，俗称冬笋、春笋。

【形态特征】竿高达 20 余 m，粗者可达 20 余 cm；基部节间甚短而向上则逐节较长，中部节间长达 40 cm 或更长。箨鞘背面黄褐色或紫褐色，具黑褐色斑点及密生棕色刺毛；分枝高，每节主枝 2 枚，3 次分枝，每小枝着生叶 2~4 片，二列状排列；叶片披针形，长 4~11 cm，宽 0.5~1.2 cm。笋期 4 月，花期 5—8 月。（图 3.30）

图 3.30 毛竹

【分布与生境】全市各地广布或栽培，生于房前屋后，中低山，成片生长。

【营养成分】每 100 g 鲜品含蛋白质 4.1 g，脂肪 0.1 g，钙 22 mg，磷 56 mg。

【食谱举例】冬笋炒腊肉：将冬笋切成片；将鲜辣椒、生姜、蒜瓣切成片备用；将腊肉洗净，放进锅里，肉皮部位贴在锅面，倒入冷水，以盖住腊肉 3/4 为宜，盖上锅盖将腊肉煮至七成熟；捞出，切成片；将锅烧热，放适量菜油（肥肉较多时不需放油），倒进肉片翻炒，放进辣椒、姜片、蒜瓣等翻炒几下，倒入冬笋片继续翻炒，至笋熟入味，放鸡精等佐料。

【通识拓展】张家界的竹类资源相当丰富，多种刚竹属（Phyllostachys）、酸竹属（Acidosasa）竹类植物的嫩笋可作野菜食用。

（二十）薤白（Allium macrostemon）

【来源】百合科葱属植物薤白的全草，通称小根蒜，张家界俗称"藠儿"。

【形态特征】草本。鳞茎近球形，粗 1~2 cm。花葶高 30~60 cm。叶 3~5 枚，半圆柱形或条形，长 15~30 cm。伞形花序半球形或球形，密聚珠芽，间有数朵花或全为花；花被宽钟状，红色至粉红色；花被片具 1 深色脉，长 4~5 mm，矩圆形至矩圆状披针形。（图 3.31、图 3.32）

图 3.31　薤白（1）　　　　　　　　图 3.32 薤白（2）

【分布与生境】全市广布，生于菜园、路边、旱地、山坡或草地。

【营养成分】每 100 g 含蛋白质 3.4 g，脂肪 0.4 g，碳水化合物 26 g，维生素 B_1 0.08 mg，维生素 B_2 0.14 mg，尼克酸 1.0 mg，维生素 C 36 mg，钙 100 mg，磷 53 mg，铁 4.6 mg。

【食谱举例】藠儿炒鸡蛋：将薤白洗净切成段，干辣椒切成短段，鸡蛋打入碗中，搅散一下备用；锅里放油，烧热，倒入辣椒在油中炸一下，放入薤白翻炒，倒入鸡蛋，摊开，翻炒，放适量精盐，炒至薤白、鸡蛋均熟即可。藠儿腌菜：在薤白进入花期、抽薹以后，将薤白连根采挖，洗净，晾晒至半干，切碎，装入坛中，放适量精盐，拌匀，压紧，密封，三周以后即可取出食用。

【通识拓展】薤白的鳞茎是常用中药材，有通阳散结、行气导滞的功效；用于胸痹疼痛，痰饮咳喘，泻痢后重。

（二十一）鸭儿芹（Cryptotaenia japonica）

【来源】伞形科鸭儿芹属植物鸭儿芹的嫩茎叶，俗称鸭脚板。

【形态特征】多年生草本。茎直立，通常为 3 小叶；中间小叶片呈菱状倒卵形或心形，长 2~14 cm，宽 1.5~10 cm；两侧小叶片斜倒卵形至长卵形，长 1.5~13 cm，宽 1~7 cm，近无柄，所有的小叶片边缘有不规则的尖锐重锯齿。复伞形花序呈圆锥状，花瓣白色，倒卵形，长 1~1.2 mm，宽约 1 mm，顶端有内折的小舌片。分生果线状长圆形。花期 4—5 月，果期 6—10 月。（图 3.33）

图 3.33　鸭儿芹

【分布与生境】全市广布，生于路旁、沟边及较阴湿的林下。

【营养成分】每 100 g 含蛋白质 2.7 g，脂肪 0.5 g，碳水化合物 9 g，胡萝卜素 7.85 mg，维生素 B_1 0.06 mg，维生素 B_2 0.26 mg，钙 338 mg，磷 46 mg，铁 20 mg。

【食谱举例】炒鸭脚板：将鸭儿芹洗净，切段；将干辣椒也切成段；锅里放油，烧热，将辣椒放进锅里炸一下，将鸭儿芹倒入锅中翻炒至熟，放适量精盐和鸡精等佐料即可。

【通识拓展】鸭儿芹的变种深裂鸭儿芹（Cryptotaenia japonica f. dissecta）（图 3.34）在张家界各地散见，也可同样作野菜食用。

图 3.34　深裂鸭儿芹

（二十二）皱果苋（Amaranthus viridis）

【来源】苋科苋属植物皱果苋的嫩茎叶，俗称野苋菜。

【形态特征】一年生草本，高 40 ~
80 cm。叶互生，叶片卵形或卵状椭圆形，
全缘或微呈波状缘。圆锥花序顶生，顶生
花穗比侧生者长；花被片矩圆形或宽倒披针
形，雄蕊比花被片短。胞果扁球形，不裂，
极皱缩，超出花被片。种子近球形，直径约
1 mm，黑色或黑褐色。花期 6—8 月，果期
8—10 月。（图 3.35）

图 3.35　皱果苋

【分布与生境】全市广布，生长在城乡建筑物附近的路边、草地或田间地头。

【营养成分】每 100 g 嫩茎叶含蛋白质 5.5 g，碳水化合物 8 g，胡萝卜素
7.15 mg，钙 25.1 mg，磷 2.5 mg，铁 433 mg。

【食谱举例】炒野苋菜：将野苋菜洗净切段；锅内放油烧热，放入野苋菜
爆炒，加适量精盐即可。野苋菜蛋汤：将野苋菜洗净切段；将鸡蛋打入碗中，
适当搅拌；锅内放油烧热，放适量水烧沸，将鸡蛋倒入锅内成蛋花，倒入野
苋菜，放适量精盐及鸡精，至菜熟入味即可。

【通识拓展】张家界有丰富的野苋菜资源。除皱果苋外，还分布下列苋属
植物，均可作野苋菜食用，它们是：绿穗苋（Amaranthus hybridus）（图 3.36）、
凹头苋（Amaranthus blitum）（图 3.37）、老鸦谷（Amaranthus cruentus）、刺
苋（Amaranthus spinosus）。

图 3.36　绿穗苋

图 3.37　凹头苋

（二十三）普通念珠藻（Nostoc commune）

【来源】念珠藻科念珠藻属藻类植物普通念珠藻的藻体，俗称地木耳。

【形态特征】藻体最初为胶体球形，其后扩展成片状，大可达 10 cm，状如胶质皮膜，暗橄榄色或茶褐色，干后呈黑褐色或黑色。（图 3.38）

【分布与生境】全市各地广布，生长在村庄附近的岩石、草地、田埂以及近水岸边。

图 3.38　普通念珠藻

【营养成分】每 100 g 干品含蛋白质 14.6 g，碳水化合物 51.2 g，钙 406 mg，磷 157 mg，铁 290 mg。

【食谱举例】凉拌地木耳：将地木耳洗净，用开水焯，捞出沥水，装盘，加入精盐、酱油、醋、葱、姜等，将菜油（或茶油）烧热，浇在菜和作料上，拌匀即可。地木耳炖腊肉：将腊肉切片，生姜、蒜瓣、辣椒切成成丝，将油烧热（如肥肉较多可不放或少放油），将腊肉放入锅内翻炒，加入辣椒、生姜、蒜瓣继续翻炒，倒入木耳，加水炖煮至肉皮、瘦肉松软，汤浓入味即可。

【通识拓展】地木耳有清热、收敛、益气、明目的功效，适用于夜盲证、脱肛、外用治烧烫伤。

（二十四）松乳菇（Lactarius deliciosus）

【来源】红菇科乳菇属大型真菌松乳菇的子实体，俗称丛菌、重阳菌。

【形态特征】菌盖宽 4～13 cm，扁半球形，边缘内卷，后平展或中凹至浅漏斗状，表面浅橙黄色或近于紫铜色。菌肉初淡白色，较厚，受伤后变成绿色。菌褶与菌盖同色，菌柄近圆柱形并向基部渐细。（图 3.39、图 3.40）

图 3.39　松乳菇（1）

图 3.40　松乳菇（2）

【分布与生境】全市广布，马尾松林地上群生或散生，春末至秋末常见。

【营养成分】每 100 g 子实体含粗蛋白 19.3 g，脂肪 6.8 g，碳水化合物

35.5 g，纤维 32.4 g，还含有 18 种氨基酸和维生素。

【食谱举例】丛菌炖猪肉：将丛菌洗净，子实体大的菌盖对折成两或三片，备用；将猪肉切片，生姜、辣椒切成丝；将油烧热（如肥肉较多可不放或少放油），将猪肉放入锅内翻炒，加入辣椒、生姜，倒入丛菌，继续翻炒几下，加水炖煮至肉菌熟透，汤汁入味即可。

【通识拓展】丛菌是张家界人最喜欢吃的大型真菌。张家界及周边群众所指丛菌，不仅指松乳菇，还指红汁乳菇（Lactarius hatsudake）（图 3.41）。

图 3.41 红汁乳菇

（二十五）石耳（Umbilicaria esculenta）

【来源】石耳科石耳属地衣类植物石耳的叶状体，俗称岩耳。

【形态特征】叶状体扁平，不规则的圆形，径大 10 cm。上面褐色，下面黑色被密毛，中央有脐突状短柄，附着于岩石上。（图 3.42）

图 3.42 石耳

【分布与生境】武陵源有分布，生于悬崖、石壁上。

【营养成分】含石耳多糖，多种维生素，蛋白质，碳水化合物、纤维素及植物果胶质等。

【食谱举例】石耳炖鸡：将石耳干品用温水泡开，洗净，切成片；将鸡肉切成块，用蛋清、淀粉和适量精盐拌匀；清水倒入锅内烧开，把鸡肉放进锅内，温火炖至半熟，加入石耳，盖上锅盖，焖煮至鸡肉熟透，放入鸡精、胡椒粉等佐料即可。

　　【通识拓展】石耳也可药用，有清热止血、化痰止咳的功效，适用于支气管炎，衄血，崩漏，肠炎，痢疾，外用治毒蛇咬伤，烧烫伤。因过度采挖，张家界所产野生石耳资源已很少，要加强保护和进行人工栽培。

第四章

蜜蜜儿开花半春儿红

——张家界食用野果植物资源

一、张家界食用野果植物资源概况

第四章　彩图欣赏

在自然界，许多植物的果实可供人们食用。它们给人类提供维持生存和健康所需的糖分、脂肪、蛋白质、维生素及其他各类营养物质，多样化天然果品的选择，既能丰富人类的多方面的营养需求，又能促进人类体质健康，起到良好的保健作用。

人类食用的植物果实，可分为栽培植物和野生植物两类。受地球经纬度和其他地理条件的影响，不同地域所产植物都不一样，供人类食用的植物果实种类也不一样。在张家界，人们栽培的传统果树有 10 余种，包括桃、李、梨、木瓜、枇杷、柿、枣、柑橘、橙、柚、板栗、核桃、葡萄等，近年来蓝莓成了新型、热门的新型果树；草本类的水果植物还有西瓜、甜瓜、草莓。在这里，我们不讨论这些栽培植物及相应的野生种，如野生的桃、李、梨等，只梳理张家界分布的其他食用野果植物资源。了解和认识这些植物资源，有利于我们更好地保护、开发和利用这些资源。

"蜜蜜儿开花半春儿红"，这是张家界人对胡颓子科胡颓子属植物的直观认识。蜜蜜儿，是指银果牛奶子，花期 4—5 月，果期 6—7 月。半春儿，是指蔓胡颓子，每年 9—11 月进入花期，果期为次年 4—5 月。银果牛奶子开花的时节，正是蔓胡颓子果实成熟变红的时候，"蜜蜜儿开花半春儿红"正是这一物候期现象的总结。张家界产多种胡颓子属植物，它们的果实成熟以后均可生食，它们是：长叶胡颓子、巴东胡颓子、蔓胡颓子、宜昌胡颓子、披针叶胡颓子、银果牛奶子、木半夏、胡颓子、星毛胡颓子。

蔷薇科植物是野生食用野果资源种类最多的植物。悬钩子属、樱属和火棘属植物中的很多果实都可以食用。张家界分布的悬钩子属植物主要有山莓、插田泡、高粱泡、光滑高粱泡、茅莓、寒莓、白叶莓、五叶白叶莓、盾叶莓、川莓、灰白毛莓、木莓、小柱悬钩子、红毛悬钩子、红腺悬钩子、绵果悬钩子、三花悬钩子、鸡爪茶等。其中，山莓、插田泡、大红泡、川莓是张家界人常见也常采食的野果。张家界分布的野生樱属植物主要有钟花樱桃、微毛樱桃、双花山樱桃、尾叶樱桃、崖樱桃、山樱花、四川樱桃等。野生樱桃多味淡或微苦，人们在尝试后觉得味甜的才会采摘生食。张家界还产火棘属植物火棘、全缘叶火棘、细圆齿火棘，果实成熟后可生食，俗称救命粮（桑植）、木瓜籽（永定）。此外，桑植八大公山所产草莓属植物黄果草莓也是可食用野果。

猕猴桃科猕猴桃属植物均为食用野果资源，张家界漫山遍野都有猕猴桃属植物分布，分布最多的是美味猕猴桃和中华猕猴桃，其他还有紫果猕猴桃、陕西猕猴桃、异色猕猴桃、京梨猕猴桃、阔叶猕猴桃、无髯猕猴桃、葛枣猕猴桃、红茎猕猴桃、革叶猕猴桃、毛蕊猕猴桃、对萼猕猴桃。

木通科的很多植物的果实成熟后都能食用。张家界分布的木通科食用野果植物资源包括：木通属的木通、三叶木通、白木通，猫儿屎属的猫儿屎，八月瓜属的鹰爪枫、五月瓜藤，野木瓜属的倒卵叶野木瓜、尾叶那藤等。

葡萄科的多种葡萄属植物果实都是可以生食的，张家界分布的葡萄属植物主要有桦叶葡萄、刺葡萄、葛藟葡萄、毛葡萄等。

五味子科五味子属、南五味子属的果实成熟后味甜，可食。张家界分布的主要有：五味子属的华中五味子、大花五味子、翼梗五味子、铁箍散、毛叶五味子；南五味子属的黑老虎、南五味子、异形南五味子。

此外，山茱萸科四照花属的四照花、尖叶四照花，杜鹃花科越橘属的南烛，鼠李科枳椇属的枳椇、毛果枳椇，漆树科南酸枣属植物南酸枣、毛脉南酸枣，果实成熟后均可生食。山茶科山茶属的油茶，每年春季长出果形、叶形变态物，味甜，口感好，也是人们喜爱的食用野果。

张家界还分布不少坚果型的食用野果资源，主要包括胡桃科胡桃属的野核桃；桦木科榛属的华榛、川榛、藏刺榛；壳斗科栗属的茅栗、锥栗，锥属的甜槠、钩锥等。

二、张家界食用野果植物资源选介

（一）川榛（Corylus heterophylla var. sutchuenensis）

【来源】桦木科榛属植物川榛的果实。

【形态特征】灌木或小乔木，高 3m，小枝密被柔毛。叶薄纸质，倒卵圆形或倒卵状长圆形，长 6~12cm，宽 3.5~9cm，先端圆而顶部具突出短尾尖，基部心形，边缘具不整齐重锯齿，长成叶无毛，侧脉每边 8~10 条，叶柄长 1.5~2cm。果单生或少数簇生，果苞钟形，荷叶状，径约 2cm，具细条棱，密被柔毛及腺毛，全包果或果微露出，苞上部浅裂；总梗长 1cm；果近球形，径 1~1.5cm。（图 4.1）

【分布与生境】产桑植八大公山、永定区天门山，生于海拔 700m 以上的山坡林下。

【用途】种仁可食，并可榨油。

【通识拓展】张家界所产榛属植物还有华榛（Corylus chinensis）和藏刺榛（Corylus ferox var. thibetica），前者分布在桑植县天平山、永定区喻家山林场，后者分布在桑植天平山，种仁均可食用，并可榨油。

图 4.1 川榛

（二）茅栗（Castanea seguinii）

【来源】壳斗科栗属植物茅栗的果实，俗称野板栗、毛板栗。

【形态特征】小乔木。叶倒卵状椭圆形或兼有长圆形的叶，长 6~14 cm，宽 4~5 cm，顶部渐尖，基部楔尖（嫩叶）至圆或耳垂状（成长叶），基部对称至一侧偏斜；叶柄长 5~15 mm。雄花序长 5~12 cm，雄花簇有花 3~5 朵；雌花单生或生于混合花序的花序轴下部，每壳斗有雌花 3~5 朵，通常 1~3 朵发育结实；壳斗外壁密生锐刺，成熟壳斗连刺径 3~5 cm，宽略过于高，刺长 6~10 mm；坚果长 15~20 mm，宽 20~25 mm。（图 4.2）

图 4.2　茅栗

【分布与生境】全市广布，生于山坡灌木丛中，与阔叶常绿或落叶树混生。

【用途】种仁味甜，可食，也可酿酒。

【通识拓展】茅栗是与栗（板栗）最接近的种，与栗相比，树较矮，果实较小，在张家界一般叫毛板栗、野板栗。张家界所产栗属植物还有栗（Castanea mollissima）、锥栗（Castanea henryi），前者为栽培果树，全市广泛栽培；后者为野生种，全市散见，武陵源广布。

（三）三叶木通（Akebia trifoliata）

【来源】木通科木通属植物三叶木通的果实。

【形态特征】木质藤本。叶为三出复叶；小叶卵圆形、宽卵圆形或长卵形，长宽变化很大，顶端钝圆、微凹或具短尖，基部圆形或宽楔形，有时微呈心形，边缘浅裂或呈波状；叶柄细瘦，长 6 ~ 8 cm。花序总状，腋生，长约 8 cm；花单性；雄花生于上部，雄蕊 6；雌花花被片紫红色，具 6 个退化雄蕊，心皮分离，3 ~ 12。果实肉质，长卵形，成熟后沿腹缝线开裂；种子多数，卵形，黑色。（图 4.3、图 4.4）

图 4.3　三叶木通（1）

图 4.4　三叶木通（2）

【分布与生境】全市广布，生于山地沟谷边疏林或丘陵灌丛中。

【用途】果肉味甜可食，也可酿酒。

【通识拓展】张家界所产木通属植物还有白木通（Akebia trifoliata subsp. australis）和木通（Akebia quinata）（图4.5），果实均可食用。三叶木通、白木通、木通的藤茎还可药用，药材名木通，有清热利尿，活血通脉的功效，用于小便赤涩，淋浊，水肿，胸中烦热，喉喉疼痛，口舌生疮，风湿痹痛，乳汁不通，经闭，痛经。

图 4.5　木通

（四）五月瓜藤（Holboellia fargesii）

【来源】木通科八月瓜属植物五月瓜藤的果实。

【形态特征】常绿木质藤本。叶柄长，掌状复叶有小叶（3～）5～7（～9）片；小叶近革质或革质，线状长圆形、长圆状披针形至倒披针形，长5～9(11) cm，宽 1.2～2（～3）cm，先端渐尖、急尖、钝或圆，有时凹入，基部钝、阔楔形或近圆形，边缘全缘，上面绿色，下面苍白色；小叶柄长5～25 mm。花雌雄同株，紫红色或绿白色，数朵组成伞房式的短总状花序。果紫色，长圆形，长 5～9 cm，顶端圆而具凸头；种子椭圆形，种皮褐黑色。花期4—5月，果期7—8月。（图4.6、图4.7）

图 4.6　五月瓜藤（1）

图 4.7　五月瓜藤（2）

【分布与生境】产桑植县八大公山、永定区天门山，生于山坡杂木林及沟谷林中。

【用途】果肉味甜，可食。

【通识拓展】张家界所产八月瓜属植物还有鹰爪枫（Holboellia coriacea）（图4.8），果实也可食用。

图4.8　鹰爪枫

（五）野木瓜（Stauntonia chinensis）

【来源】木通科野木瓜属植物野木瓜的果实。

【形态特征】木质藤本。掌状复叶有小叶 5 ~ 7 片；叶柄长 5 ~ 10 cm；小叶革质，长圆形、椭圆形或长圆状披针形，长 6 ~ 9（~ 11.5）cm，宽 2 ~ 4 cm，先端渐尖，基部钝、圆或楔形，上面深绿色，下面浅绿色；小叶柄长 6 ~ 25 mm。花雌雄同株，通常 3 ~ 4 朵组成伞房花序式的总状花序。雄花萼片外面淡黄色或乳白色，内面紫红色，雌花萼片稍大。果长圆形，长 7 ~ 10 cm，直径 3 ~ 5 cm；种子近三角形，压扁，种皮深褐色至近黑色。花期 3—4 月，果期 6—10 月。（图4.9）

图4.9　野木瓜

【分布与生境】全市散见，生于山地密林、灌丛或山谷溪边疏林中。

【用途】果肉味甜，可食。

【通识拓展】张家界所产野木瓜属植物还有尾叶那藤（Holboellia coriacea），果实也可食用。

（六）黑老虎（Kadsura coccinea）

【来源】五味子科南五味子属植物黑老虎的果实。

【形态特征】藤本。叶革质，长圆形至卵状披针形，长 7 ~ 18 cm，宽 3 ~ 8 cm，先端钝或短渐尖，基部宽楔形或近圆形，全缘，侧脉每边 6 ~ 7 条，网脉不明显；叶柄长 1 ~ 2.5 cm。花单生于叶腋，稀成对，雌雄异株。聚合果近球形，红色或暗紫色，径 6 ~ 10 cm 或更大；小浆果倒卵形，长达 4 cm，外果皮革质，不显出种子。种子心形或卵状心形，长 1 ~ 1.5 cm，宽 0.8 ~ 1 cm。花期 4—7 月，果期 7—11 月。（图 4.10）

图 4.10 黑老虎

【分布与生境】产桑植八大公山，生于海拔 1 500 m 以上的林下。

【用途】果实熟后味甜，可食。

【通识拓展】张家界市民通常把南五味子属植物叫做现饭坨，除黑老虎外，张家界还分布南五味子（Kadsura longipedunculata）（图 4.11）和异形南五味子（Kadsura heteroclita），果实也可食用，但果实较小。另外，五味子科五味子属（Schisandra）植物的果实也可食用，张家界最常见的是铁箍散（Schisandra propinqua var. sinensis）（图 4.12），张家界还产华中五味子（Schisandra sphenanthera）、翼梗五味子（Schisandra henryi）、大花五味子（Schisandra grandiflora）、毛叶五味子（Schisandra pubescens）。

图 4.11 南五味子　　　　　　　图 4.12 铁箍散

（七）山莓（Rubus corchorifolius）

【来源】蔷薇科悬钩子属植物山莓的果实，张家界俗称三月泡。

【形态特征】落叶灌木，高1~2 m。单叶，卵形或卵状披针形，长3~9 cm，宽2~5 cm，不裂或3浅裂，有不整齐重锯齿，脉上散生钩状皮刺；叶柄长1~2 cm。花单生或数朵聚生短枝上；花白色，直径约3 cm；萼裂片卵状披针形，密生灰白色柔毛。聚合果球形，直径10~12 mm，红色。花期2—3月，果期4—6月。（图4.13）

图4.13　山莓

【分布与生境】全市广布，生于向阳山坡、溪边、山谷、荒地和疏密灌丛中。

【用途】果味甜美，含糖、苹果酸、柠檬酸及维生素C等，可供生食、制果酱及酿酒。

【通识拓展】山莓的根可药用，有活血、止血、祛风利湿的功效；用于吐血，便血，肠炎、痢疾，风湿关节痛，跌打损伤，月经不调，白带。

（八）插田泡（Rubus coreanus）

【来源】蔷薇科悬钩子属植物插田泡的果实，张家界俗称龙船泡。

【形态特征】灌木，高1~3 m。枝红褐色，被白粉，具扁平皮刺。小叶通常5枚，稀3枚，卵形、菱状卵形或宽卵形，长（2~）3~8 cm，宽2~5 cm，顶端急尖，基部楔形至近圆形，边缘有不整齐粗锯齿或缺刻状粗锯齿，顶生小叶顶端有时3浅裂；叶柄长2~5 cm，顶生小叶柄长1~2 cm，侧生小叶近无柄，与叶轴均被短柔毛和疏生钩状小皮刺。伞房花序生于侧枝顶端，具花数朵至三十几朵。萼片长卵形至卵状披针形，花时开展，果时反折；花瓣倒卵形，淡红色至深红色。果实近球形，直径5~8 mm，深红色至紫黑色。花期4—6月，果期6—8月。（图4.14）

图 4.14　插田泡

【分布与生境】全市广布，生于山坡、灌丛、山谷、河边、路旁。

【用途】果实味酸甜，可生食。

【通识拓展】插田泡果实在每年端午节前后成熟，所以在张家界有龙船泡的叫法。根可药用，有活血止血、祛风除湿的功效；用于跌打损伤，骨折，月经不调，吐血，衄血，风湿痹痛，水肿，小便不利，瘰疬。

（九）川莓（Rubus setchuenensis）

【来源】蔷薇科悬钩子属植物川莓的果实，张家界俗称乌泡。

【形态特征】落叶灌木，高 2～3 m。单叶，近圆形或宽卵形，直径 7～15 cm，顶端圆钝或近截形，基部心形，上面粗糙，无毛或仅沿叶脉稍具柔毛，下面密被灰白色绒毛，有时绒毛逐渐脱落，叶脉突起，基部具掌状 5 出脉，侧脉 2～3 对，边缘 5～7 浅裂，裂片圆钝或急尖并再浅裂，有不整齐浅钝锯齿；叶柄长 5～7 cm，具浅黄色绒毛状柔毛，常无刺。花成狭圆锥花序，顶生或腋生或花少数簇生于叶腋。果实半球形，直径约 1 cm，黑色。花期 7—8 月，果期 9—10 月。（图 4.15）

图 4.15　川莓

【分布与生境】产桑植，生山坡、路旁、沟边、林缘或灌丛中。

【用途】果实味酸甜，可生食。

【通识拓展】因果实黑色，张家界市民一般叫乌泡。根可药用，有祛风除湿、止呕、活血的功效，用于劳伤吐血、月经不调、瘰疬、狂犬咬伤等证。

（十）盾叶莓（Rubus peltatus）

【来源】蔷薇科悬钩子属植物盾叶莓的果实。

【形态特征】直立或攀援灌木。叶片盾状，卵状圆形，长 7 ~ 17 cm，宽 6 ~ 15 cm，基部心形，沿中脉有小皮刺，边缘 3 ~ 5 掌状分裂，裂片三角状卵形，顶端急尖或短渐尖，有不整齐细锯齿；叶柄 4 ~ 8 cm，有小皮刺。单花顶生，花瓣近圆形，直径 1.8 ~ 2.5 cm，白色，长于萼片。果实圆柱形或圆筒形，长 3 ~ 4.5 cm，橘红色，密被柔毛；核具皱纹。花期 4—5 月，果期 6—7 月。（图 4.16）

图 4.16　盾叶莓

【分布与生境】产桑植天平山，生于山坡、山沟林下、林缘或较阴湿处。

【用途】果实味酸甜，可生食，也可药用。

【通识拓展】与其他同属植物的果实相比，本种果实显得特别长，有开发前景。另外，盾叶莓的果实也可药用，有强腰健肾、祛风止痛的功效；用于四肢关节疼痛，腰脊酸痛。

（十一）黄毛草莓（Fragaria nilgerrensis）

【来源】蔷薇科草莓属植物黄毛草莓的果实。

【形态特征】多年生草本。茎密被黄棕色绢状柔毛；叶三出，小叶具短柄，质地较厚，小叶片倒卵形或椭圆形，长 1 ~ 4.5 cm，宽 0.8 ~ 3 cm，顶端圆钝，顶生小叶基部楔形，侧生小叶基部偏斜，边缘具缺刻状锯齿，锯齿顶端急尖或圆钝，上面深绿色，被疏柔毛，下面淡绿色，被黄棕色绢状柔毛。聚伞花序（1 ~ ）2 ~ 5（ ~ 6）朵，花序下部具一或三出有柄的小叶；花瓣白色，圆形，基部有短爪；雄蕊 20 枚，不等长。聚合果圆形，白色、淡白黄色或红色，宿存萼片直立，紧贴果实；花期 4—7 月，果期 6—8 月。（图 4.17）

图 4.17　黄毛草莓

【分布与生境】桑植县八大公山有分布，生山坡草地或沟边林下。

【用途】果实酸甜可口，香味很浓，可食。

【通识拓展】本种易繁殖，有开发前景。据报道，黄毛草莓全草可药用，有消炎解毒的功效，可用于治疗口腔炎、口腔溃疡、血尿、泌尿感染等证。

（十二）南酸枣（Choerospondias axillaris）

【来源】漆树科南酸枣属植物南酸枣的果实。

【形态特征】落叶乔木。树皮灰褐色，片状剥落，小枝粗壮，暗紫褐色，具皮孔。奇数羽状复叶长 25 ~ 40 cm，有小叶 3 ~ 6 对；小叶膜质至纸质，卵形或卵状披针形或卵状长圆形，长 4 ~ 12 cm，宽 2 ~ 4.5 cm，先端长渐尖，基部多少偏斜，阔楔形或近圆形，全缘或幼株叶边缘具粗锯齿。花杂性异株；单性花成圆锥花序，两性花成总状花序。核果比枣稍大，椭圆形或倒卵状椭圆形，成熟时黄色，长 2.5 ~ 3 cm，径约 2 cm，果核长 2 ~ 2.5 cm，径 1.2 ~ 1.5 cm，顶端具 5 个小孔。（图 4.18）

【分布与生境】全市散见，生于山坡、丘陵或沟谷林中。

【用途】果实酸香，可食，也可酿酒。

【通识拓展】南酸枣树皮可药用，有解毒、收敛、止痛、止血的功效，用于烧烫伤，外伤出血，牛皮癣。

图 4.18　南酸枣

（十三）枳椇（Hovenia acerba）

【来源】鼠李科枳椇属植物枳椇的果序轴，通称拐枣，张家界市民一般叫拐子。

【形态特征】乔木。叶互生，厚纸质至纸质，宽卵形、椭圆状卵形或心形，长 8 ~ 17 cm，宽 6 ~ 12 cm，顶端长渐尖或短渐尖，基部截形或心形，稀近圆形或宽楔形，边缘常具整齐浅而钝的细锯齿，上部或近顶端的叶有不明显的齿，稀近全缘。二歧式聚伞圆锥花序，顶生和腋生，被棕色短柔毛；花瓣椭圆状匙形，长 2 ~ 2.2 mm，宽 1.6 ~ 2 mm，具短爪。浆果状核果近球形，直径 5 ~ 6.5 mm；果序轴明显膨大；种子暗褐色或黑紫色。花期 5—7 月，果期 8—10 月。（图 4.19）

图 4.19　枳椇

【分布与生境】全市散见，生于山坡林缘或疏林中。

【用途】果序轴肥厚、含丰富的糖，可生食、酿酒、熬糖，民间常用以浸制"拐枣酒"，能治风湿；种子为清凉利尿药，能解酒毒，适用于热病消渴、酒醉、烦渴、呕吐、发热等证。

【通识拓展】张家界分布的枳椇属植物还有毛果枳椇（Hovenia trichocarpa），其果序轴也可食用和药用。

（十四）毛葡萄（Vitis heyneana）

【来源】葡萄科葡萄属植物毛葡萄的果实，张家界俗称野葡萄。

【形态特征】木质藤本。小枝有纵棱纹，卷须 2 叉分枝，每隔 2 节间断与叶对生。叶卵形、三角状卵形、卵圆形或卵椭圆形，长 2.5 ~ 12 cm，宽 2.3 ~ 10 cm，顶端急尖或渐尖，基部浅心形或近截形，边缘每侧有微不整齐 5 ~ 12 个锯齿，上面绿色，无毛，下面初时疏被蛛丝状绒毛，以后脱落；基生脉 5 出，中脉有侧脉 4 ~ 5 对，网脉不明显。圆锥花序疏散，与叶对生。果实球形，直径 0.8 ~ 1 cm；种子倒卵椭圆形。花期 3—5 月，果期 7—11 月。（图 4.20）

图 4.20 毛葡萄

【分布与生境】全市广布。生于山坡、沟谷、灌丛、林缘或林中。

【用途】果实味酸甜，可生食或酿酒。

【通识拓展】张家界有丰富的野生葡萄资源，果实均可生食或酿酒。除毛葡萄外，张家界还分布葛蘽葡萄（Vitis flexuosa）（图 4.21）、刺葡萄（Vitis davidii）、桦叶葡萄（Vitis betulifolia）、华南美丽葡萄（Vitis bellula var. pubigera）等。

图 4.21 葛蘽葡萄

（十五）中华猕猴桃（Actinidia chinensis）

【来源】猕猴桃科猕猴桃属植物中华猕猴桃的果实。

【形态特征】藤本。幼枝及叶柄密生灰棕色柔毛，老枝无毛；髓大，白色。叶片纸质，圆形，卵圆形或倒卵形，长 6 ~ 17 cm，宽 7 ~ 15 cm，顶端突尖、微凹或平截，边缘有刺毛状齿，上面仅叶脉有疏毛，下面密生灰棕色星状绒毛。花开时白色，后变黄色；花被 5 数，萼片及花柄有淡棕色绒毛；雄蕊多数；花柱丝状，多数。浆果卵圆形或矩圆形，密生棕色长毛，成熟时秃净或不秃净。花期 4—5 月，8—10 月成熟。（图 4.22、图 4.23）

图 4.22　中华猕猴桃（1）　　　图 4.23　中华猕猴桃（2）

【分布与生境】全市广布，生于低山地带的山林中，常见于高草灌丛、灌木林或次生疏林中。

【用途】果实甜美，可生食，也可加工成多种食品。

【通识拓展】每 100 g 鲜果含蛋白质 1.6 g，脂肪 0.3 g，钙 51.6 mg，磷 42.2 mg，铁 5.6 mg，胡萝卜素 0.035 mg，维生素 100 ~ 420 mg。目前，张家界及各地栽培的红心猕猴桃是中华猕猴桃的品种，该品种的甜度高于普通的野生种。

（十六）美味猕猴桃（Actinidia chinensis var. deliciosa）

【来源】猕猴桃科猕猴桃属植物美味猕猴桃的果实。

【形态特征】本种外形与中华猕猴桃相近，区别在于本种的叶形较大，先端通常突尖或急尖，只有少数为平截或凹入，植物体被毛为硬毛、刺毛、糙毛；花、果也较大，果长 5 ~ 6 cm，径 3.5 cm 左右，成熟时仍被粗糙的硬毛。

【分布与生境】全市广布，通常生于海拔 800 m 以上的山地。（图 4.24）

图 4.24　美味猕猴桃

【用途】果实甜美，可生食，也可加工成多种食品。

【通识拓展】本种为中华猕猴桃的变种，中国植物志在介绍中华猕猴桃时称"本种果实是本属中最大的一种"，对比中华猕猴桃及其各变种，真正称得上猕猴桃属"最大的一种"非美味猕猴桃莫属。

（十七）紫果猕猴桃（Actinidia arguta var. purpurea）

【来源】猕猴桃科猕猴桃属植物紫果猕猴桃的果实。

【形态特征】大型落叶藤本。叶纸质，卵形或长方椭圆形，长 8~12 cm，宽 4.5~8 cm，顶端急尖，基部圆形，或为阔楔形、截平形至微心形，两侧常不对称；边缘锯齿浅且圆，齿尖常内弯；除背面脉腋上有少量髯毛外，余处洁净无毛。腋生聚伞花序，花淡绿色，花药黑色。果实绿色，熟时紫红色，柱状卵珠形，光滑，长 2~3.5 cm，顶端有喙，萼片早落。（图 4.25）

图 4.25　紫果猕猴桃

【分布与生境】产永定区天门山，生于山林中。

【用途】果实甜美，可生食，也可加工成多种食品。

【通识拓展】紫果猕猴桃原为软枣猕猴桃（Actinidia arguta）的变种，中国植物志修订版已将其归并为软枣猕猴桃。紫果猕猴桃为猕猴桃属净果组植物，植物体基本无毛，果实光滑、无毛、无斑点，不仅可用来食用，还有观赏价值。

（十八）银果牛奶子（Elaeagnus magna）

【来源】胡颓子科胡颓子属植物银果牛奶子的果实。

【形态特征】落叶灌木，高 1 ~ 3 m，具棘刺。小枝细长，密被银色鳞片。单叶互生，膜质或纸质，倒卵状矩圆形或披针形，长 4 ~ 10 cm，顶端圆或钝，基部狭窄，上面被银色鳞片，老时部分宿存，下面灰白色；叶柄被淡白色鳞片，长 4 ~ 8 mm。花白色，被鳞片，1 ~ 3 朵生新枝基部，花梗长 2 ~ 3 mm；花被筒管状，长 8 ~ 10 mm，裂片 4，卵形或卵状三角形，长 3 ~ 4 mm，内侧黄色；雄蕊 4；花柱被星状柔毛。果长椭圆形，长 12 ~ 16 mm，密被银白色鳞片，成熟时粉红色。（图 4.26）

图 4.26　银果牛奶子

【分布与生境】全市广布，生于路旁、山地、林缘。

【用途】果实味酸甜，可生食也可酿酒。

【通识拓展】张家界有丰富的胡颓子属植物资源，果实均可用来生食或酿酒，最常见的除银果牛奶子外，还有宜昌胡颓子（Elaeagnus henryi）和木半夏（Elaeagnus multiflora）等。

（十九）四照花（Cornus kousa subsp. chinensis）

【来源】山茱萸科四照花属植物四照花的果实。

【形态特征】落叶小乔木。叶对生，纸质或厚纸质，卵形或卵状椭圆形，长 5.5～12 cm，宽 3.5～7 cm，先端渐尖，有尖尾，基部宽楔形或圆形，边缘全缘，上面绿色，下面粉绿色，侧脉 4～5 对。头状花序球形，由 40～50 朵花聚集而成；总苞片 4，白色，卵形或卵状披针形，先端渐尖；花小，花萼管状，上部 4 裂，裂片钝圆形或钝尖形。果序球形，成熟时红色；总果梗纤细，长 5.5～6.5 cm。花期 5—6 月，果期 9—10 月。（图 4.27）

图 4.27　四照花

【分布与生境】全市广布，生于海拔 800 m 以上的山林中。

【用途】果实味甜，可食，也可酿酒。

【通识拓展】张家界还分布尖叶四照花（Cornus elliptica），果实也可食用。与四照花不同的是，尖叶四照花为常绿小乔木。

（二十）南烛（Vaccinium bracteatum）

【来源】杜鹃花科越橘属植物南烛的果实。

【形态特征】常绿灌木。叶革质，椭圆状卵形、狭椭圆形或卵形，长 2.5～6 cm，宽 1～2.5 cm，顶端急尖，基部宽楔形，边缘有尖硬细齿，上面有光泽，中脉两面多少疏生短毛，网脉下面明显；叶柄长 2～4 mm。总状花序腋生；苞片大，宿存；花梗短；花萼 5 浅裂，裂片三角形；花冠白色，通常下垂，筒状卵形，长 5～7 mm，5 浅裂，有细柔毛；雄蕊 10；子房下位。浆果球形，

直径 4 ~ 6 mm，熟时紫黑色，稍被白粉。花期 6—7 月，果期 8—10 月。（图
4.28）

图 4.28　南烛

【分布与生境】武陵源鹞子寨、天子山，慈利县甘堰乡等地有分布，常见
于山坡林内或灌丛中。

【用途】果实味酸甜，可生食。枝叶是江南煮食"乌饭"的原料。

【通识拓展】南烛的果实、叶或枝叶可入药。果实，药材名南烛子，有强
筋骨、益肾气的功效；用于身体虚弱，脾虚久泄，梦遗滑精，赤白带下。叶
或枝叶，药材名南烛叶，有益肠胃，养肝肾的功效；用于脾胃气虚，久泻，
少食，肝肾不足，腰膝乏力，须发早白。市售蓝莓也是越橘属植物，与南烛
一样，也有类似的保健和补益作用。

第五章

四季花儿开，花开一朵来

——张家界野生观赏植物资源

第五章　彩图欣赏

一、张家界观赏植物资源概况

观赏植物是各种具有观赏价值的植物的总称。作为园林植物，观赏植物发挥着美化环境、保护生态的双重作用；作为观赏花卉，观赏植物以其优美的株形，形态各异的枝叶，艳丽的花朵，给人以美的享受，提升人的生活品质。

按是否被人类引种栽培，我们可以把观赏植物分为栽培观赏植物和野生观赏植物两大类。我们就从这两方面了解张家界观赏植物资源的基本情况。

（一）张家界的栽培观赏植物

自古至今，人类引种、培育了许多园林树木和观赏花卉。笔者调查发现，在张家界的街道、公园、单位绿化地带和城乡住宅院落，人们栽培的各种园林观赏植物达200余种（含变种、变形及栽培种）。我们按形态把它们分成以下三类：

1. 直立草本

在张家界，用于园林观赏的直立草本植物包括：肾蕨科的肾蕨；芍药科的芍药；睡莲科的莲、睡莲；罂粟科的虞美人；白花菜科的醉蝶花；十字花科的羽衣甘蓝、诸葛菜；堇菜科的三色堇；景天科的八宝、费菜、燕子掌；虎耳草科的虎耳草、绣球；石竹科的石竹；马齿苋科的大花马齿苋；苋科的鸡冠花、千日红；牻牛儿苗科的天竺葵；凤仙花科的凤仙花；柳叶菜科的月见草；紫茉莉科的紫茉莉；秋海棠科的四季海棠；仙人掌科的仙人掌、仙人球；菊科的雏菊、金盏菊、大丽花、菊花、万寿菊、百日菊；茄科的碧冬茄；车前科的金鱼草；马鞭草科的马缨丹、柳叶马鞭草；唇形科的一串红、五彩苏；鸭跖草科的紫竹梅、吊竹梅、白花紫露草；美人蕉科的美人蕉、大花美人蕉、兰花美人蕉；百合科的文竹、蜘蛛抱蛋、吊兰、麦冬、吉祥草、凤尾丝兰；天南星科的石菖蒲、广东万年青、海芋；石蒜科的君子兰、朱顶红、葱莲、韭莲；鸢尾科的蝴蝶花、鸢尾、扁竹兰；兰科的蕙兰；莎草科的风车草；禾本科的凤尾竹、慈竹。

2. 直立木本

直立木本包括苏铁科的苏铁；银杏科的银杏；松科的雪松、黑松、日本五针松；杉科的柳杉、日本柳杉、落羽杉、池杉；南洋杉科的南洋杉；柏科的日本花柏、线柏、绒柏、柏木、侧柏、千头柏、圆柏、龙柏、匍地龙柏；罗汉松科的罗汉松、竹柏；红豆杉科的南方红豆杉；木兰科的鹅掌楸、玉兰、二乔玉兰、紫玉兰、荷花玉兰、武当玉兰、含笑花、乐昌含笑、深山含笑、金叶含笑；樟科的猴樟、樟、兰屿肉桂；芍药科的牡丹；小檗科的紫叶小檗、十大功劳、阔叶十大功劳、南天竹；千屈菜科的紫薇；石榴科的石榴、玛瑙石榴；瑞香科的结香；紫茉莉科的叶子花；海桐花科的海桐；山茶科的山茶、茶梅；杜英科的秃瓣杜英；锦葵科的蜀葵、木芙蓉、木槿、金铃花；大戟科的重阳木、乌桕；蔷薇科的碧桃、梅、绿萼梅、日本晚樱、皱皮木瓜、日本木瓜、垂丝海棠、湖北海棠、石楠、火棘、月季花、七姊妹、玫瑰、粉花绣线菊；蜡梅科的蜡梅；豆科的山槐、紫荆、皂荚、刺槐、槐、龙爪槐；金缕梅科的蚊母树、小叶蚊母树、红花檵木；黄杨科的雀舌黄杨、黄杨；悬铃木科的二球悬铃木；杨柳科的加杨、垂柳、龙爪柳、旱柳；杨梅科的杨梅；榆科的榆、榔榆；桑科的印度榕、无花果；冬青科的枸骨、无刺构骨、齿叶冬青；卫矛科的冬青卫矛、金边黄杨、金心黄杨；芸香科的金橘、枳、九里香；无患子科的复羽叶栾树；槭树科的鸡爪槭、红枫；蓝果树科的喜树、珙桐；五加科的鹅掌柴、八角金盘；杜鹃花科的锦绣杜鹃、皋月杜鹃、西洋杜鹃；柿科的乌柿；紫金牛科的朱砂根；木犀科的金钟花、野迎春、迎春花、女贞、小叶女贞、日本女贞、小蜡、木犀；夹竹桃科的夹竹桃、长春花；茜草科的白蟾、狭叶栀子、六月雪；紫葳科的菜豆树；忍冬科的日本珊瑚树；茄科的夜香树；棕榈科的棕榈、棕竹、蒲葵、加拿利海枣、林刺葵。

3. 木质藤本和缠绕草本

在张家界，可用于园林观赏的野生木质藤本和缠绕草本植物包括豆科的常春油麻藤、紫藤；桑科的薜荔；葡萄科的地锦、异叶地锦、绿叶地锦；五加科的洋常春藤；旋花科的圆叶牵牛、茑萝松；紫葳科的凌霄；天南星科的绿萝。

（二）张家界的野生观赏植物

在张家界分布的 3 000 种左右的野生植物中，可以用作观赏植物资源的约占 1/10，即 300 余种。在前述栽培观赏植物中，有些种类在张家界就有野生资源分布，如直立草本植物中的肾蕨、虎耳草、麦冬、吉祥草、石菖蒲、蝴蝶花；直立木本植物中的南方红豆杉、鹅掌楸、玉兰、武当玉兰、阔叶十大功劳、木芙蓉、乌桕、山槐、湖北海棠、石楠、火棘、粉花绣线菊、山槐、小叶蚊母树、黄杨、乌柿、朱砂根、女贞、小蜡、木犀、棕榈；木质藤本植物中的常春油麻藤、薜荔、地锦、异叶地锦、绿叶地锦等。这些年，张家界城市园林绿化工作做得很出色，各种观赏植物把城市街道打扮得越来越靓丽了。不足的是，与其他城市观赏植物的趋同性较大，运用本土观赏植物的种类较少，很多具有观赏价值的野生植物，还没有得到足够的重视和运用。在这里，我们对张家界分布的野生观赏植物作一次比较全面的梳理，希望能为今后开发利用野生观赏植物资源方面提供一些有价值的参考。我们仍然从直立草本、直立木本、木质藤本和缠绕草本三个方面进行介绍。

1. 直立草本

在张家界，用于园林观赏的直立草本植物包括：卷柏科的兖州卷柏；莲座蕨科的福建观音座莲；紫萁科的华南紫萁；瘤足蕨科的耳形瘤足蕨；里白科的里白；碗蕨科的边缘鳞盖蕨、粗毛鳞盖蕨；陵齿蕨科的乌蕨；中国蕨科的银粉背蕨、野雉尾金粉蕨；铁线蕨科的铁线蕨、掌叶铁线蕨；裸子蕨科的凤丫蕨、普通凤丫蕨；铁角蕨科的铁角蕨；球子蕨科的东方荚果蕨；乌毛蕨科的荚囊蕨；鳞毛蕨科的美丽复叶耳蕨、黑鳞耳蕨、长鳞耳蕨、戟叶耳蕨、革叶耳蕨；肾蕨科的肾蕨；水龙骨科的矩圆线蕨、江南星蕨、盾蕨、中华水龙骨、庐山石韦；槲蕨科的槲蕨；石竹科的剪红纱花；毛茛科的秋牡丹；罂粟科的血水草、荷青花、鸡血七、石生黄堇；十字花科的大叶碎米荠；景天科的云南红景天、绿花石莲、费菜、佛甲草、大苞景天、垂盆草、山飘风；虎耳草科的大叶金腰、虎耳草；酢浆草科的山酢浆草；凤仙花科的块节凤仙花、红雏凤仙花、齿萼凤仙花；秋海棠科的中华秋海棠、掌裂叶秋海棠；爵床科的紫苞爵床、九头狮子草；苦苣苔科的粉花唇柱苣苔、吊石苣苔、石山苣苔；菊科的牛蒡、毛华菊、旋覆花、橐吾、褐柄合耳菊；香蒲科的水烛、香蒲；禾本科的箬竹、箬叶竹、芦竹、灰绿玉山竹；天南星科的石菖蒲、一把伞南星、花南星、野芋；鸭跖草科的杜若、川杜若；石蒜科的忽地笑、石蒜、中国石蒜；鸢尾科的射干、蝴蝶花；百合科的天门冬、短梗天门冬、九龙盘、开口箭、荞麦叶大百合、大百合、萱草、紫萼、湖北百合、南川百合、阔叶山麦冬、山麦冬、麦冬、吉祥草、万年青；姜科的山姜、舞花姜；兰科的白及、蕙兰、多花兰、春兰、寒兰、春剑。

2. 直立木本

在张家界，用于园林观赏的直立木本植物包括：柏科的柏木、刺柏；三尖杉科的三尖杉、粗榧、篦子三尖杉；红豆杉科的红豆杉、南方红豆杉、巴山榧树；桦木科的华千金榆；壳斗科的甜槠、钩锥、曼青冈、包果柯、乌冈栎、刺叶栎；榆科的朴树；铁青树科的青皮木；木兰科的鹅掌楸、玉兰、望春玉兰、武当玉兰、厚朴、巴东木莲、多花含笑、紫花含笑、黄心夜合、乐东拟单性木兰；八角科的红茴香、红毒茴；水青树科的水青树；领春木科的领春木；连香树科的连香树；樟科的樟、川桂、香叶子、菱叶钓樟、三桠乌药、香粉叶、川钓樟、黑壳楠、黄丹木姜子、石木姜子、大叶新木姜子、宜昌润楠、竹叶楠、湘楠、楠木、檫木；小檗科的金花小檗、豪猪刺、阔叶十大功劳、宽苞十大功劳；山茶科的杨桐、西南红山茶、岳麓连蕊茶、齿叶红淡比、银木荷、厚皮香、粗毛石笔木；藤黄科的金丝桃、长柱金丝桃、金丝梅；伯乐树科的伯乐树；金缕梅科的金缕梅、瑞木、蜡瓣花、小叶蚊母树、檵木、水丝梨；虎耳草科的异色溲疏、长江溲疏、冠盖绣球、蜡莲绣球、绢毛山梅花；海桐花科的光叶海桐；蔷薇科的钟花樱桃、平枝栒子、红柄白鹃梅、棣棠花、大叶桂樱、湖北海棠、绢毛稠李、中华石楠、贵州石楠、石楠、火棘、石斑木、软条七蔷薇、金樱子、野蔷薇、粉团蔷薇、大红蔷薇、美脉花楸、石灰花楸、中华绣线菊、翠蓝绣线菊、渐尖叶粉花绣线菊、红果树；豆科植物合欢、山槐、锦鸡儿、湖北紫荆、香槐、黄檀、象鼻藤、花榈木；大戟科的山麻杆、红背山麻杆、雀儿舌头、毛桐、野桐、粗糠柴、山乌桕；交让木科的交让木、虎皮楠；槭树科的青榨槭、罗浮槭、扇叶槭、血皮槭；漆树科的毛黄栌；冬青科的冬青、猫儿刺；黄杨科的黄杨、杨梅黄杨、野扇花；卫矛科的卫矛、大果卫矛；七叶树科的天师栗；茶茱萸科的马比木；省沽油科的瘿椒树、膀胱果、硬毛山香园；鼠李科的枳椇、铜钱树；杜英科的日本杜英、仿栗；锦葵科的木芙蓉；梧桐科的梧桐；椴树科的白毛椴、粉椴；大风子科的山桐子、山羊角树；胡颓子科的胡颓子、银果牛奶子、宜昌胡颓子、木半夏；千屈菜科的尾叶紫薇、川黔紫薇；桃金娘科的赤楠；蓝果树科的珙桐；瑞香科的尖瓣瑞香、毛瑞香；五加科的刺楸、短梗大参、异叶梁王茶、穗序鹅掌柴、通脱木；山茱萸科的桃叶珊瑚、窄斑叶珊瑚、倒心叶珊瑚、灯台树、四照花、尖叶四照花、小梾木、光皮梾木、青荚叶；桤叶树科的云南桤叶树；杜鹃花科的灯笼树、齿缘吊钟花、美丽马醉木、杜鹃、天门山杜鹃、云锦杜鹃、四川杜鹃、满山红、腺萼马银花；紫金牛科的朱砂根、铁仔；柿科的乌柿、苗山柿；安息香科的老鸹铃、野茉莉；山矾科的山矾、光亮山矾、老鼠矢；木犀科的苦枥木、丽叶女贞、女贞、小蜡、红柄木犀；紫葳科的梓、灰楸；玄参科的来江藤、白花泡桐、台湾泡桐；茄科的枸杞；马鞭草科的海州常山；茜草科的细叶水团花、香果树、虉花、白马骨；忍冬科的蕊被忍冬、蕊帽忍冬、唐古特忍冬、金银忍冬、短序荚蒾、巴东荚蒾、琼花、蝴蝶戏珠花、合轴荚蒾、半边月。

3. 木质藤本和缠绕草本

在张家界,用于园林观赏的野生木质藤本和缠绕草本植物包括:桑科的薜荔、珍珠莲、爬藤榕、地果；毛茛科的小木通、锈毛铁线莲、大花绣球藤；木通科的木通、鹰爪枫、五月瓜藤、五指那藤；防己科的风龙；猕猴桃科的紫果猕猴桃、葛枣猕猴桃、革叶猕猴桃；虎耳草科的白背钻地风、冠盖藤；蔷薇科的五叶鸡爪茶、鸡爪茶；豆科的鄂羊蹄甲、香花崖豆藤、江西崖豆藤、厚果崖豆藤、常春油麻藤、紫藤；卫矛科的扶芳藤；葡萄科的地锦、绿叶地锦、异叶地锦、长柄地锦、花叶地锦；五加科的常春藤；夹竹桃科的络石、紫花络石；木犀科的华素馨；忍冬科的忍冬、灰毡毛忍冬；鸭跖草科的竹叶子、竹叶吉祥草。

二、张家界野生观赏植物资源选介

在这里,我们为大家介绍张家界分布的 40 种比较有代表性的野生观赏植物,包括 12 种直立草本、26 种直立木本、2 种藤本植物。

（一）华南紫萁（Osmunda vachellii）

【来源】紫萁科紫萁属植物华南紫萁。

【形态特征】草本，植株高达 1 m。根状茎圆柱形，高出地面，叶自顶部簇生。叶片矩圆形，厚纸质，光滑，长 40～90 cm，宽 20～30 cm，一回羽状，中部以上的羽片不育，宽达 1.5 cm，披针形或条状披针形，基部狭楔形，长渐尖头，边缘无锯齿，或向顶部略为浅波状。侧脉一至二回分叉。下部羽片通常能育，狭缩成条形，宽 4 mm，深羽裂，有宽缺刻，裂片两面沿叶脉密生孢子囊，形成圆形小穗，排列在羽轴两侧。（图 5.1）

图 5.1　华南紫萁

【分布与生境】武陵源金鞭溪有分布，生长在溪边荫处酸性土壤或石缝中。

【用途】植株大型，叶柄坚硬，叶片有光泽，四季常青，株形美观，是难得的庭园观赏植物。

【通识拓展】张家界分布的紫萁属植物，除华南紫萁外，还有紫萁（Osmunda japonica）、分株紫萁（Osmunda cinnamomea），三种紫萁属植物均为中药材贯众的来源，有清热解毒、止血、杀虫的功效，用于流感、流脑、痈疮肿毒、便血、崩漏、虫积腹痛等证。另外，紫萁的嫩叶柄可作野菜食用，俗称薇菜，我们已在前面作过介绍。

（二）铁线蕨（Adiantum capillus-veneris）

【来源】铁线蕨科铁线蕨属植物铁线蕨。

【形态特征】草本，植株高 15～40 cm。根状茎横走，有淡棕色披针形鳞片。叶近生，薄草质，无毛；叶柄栗黑色，仅基部有鳞片；叶片卵状三角形，长 10～25 cm，宽 8～16 cm，中部以下二回羽状，小羽片斜扇形或斜方形，外缘浅裂至深裂，裂片狭，不育裂片顶端钝圆并有细锯齿。叶脉扇状分叉。孢子囊群生于由变质裂片顶部反折的囊群盖下面；囊群盖圆肾形至矩圆形，全缘。（图 5.2）

图 5.2　铁线蕨

【分布与生境】全市广布，常生于流水溪旁石灰岩上或石灰岩洞底和滴水岩壁上。

【用途】叶形卵状三角形，二回羽状，有如一串串绿珠，特别优雅。植株小型，适宜作盆栽，供室内观赏。

【通识拓展】铁线蕨全草可药用，有清热解毒、利尿消肿的功效；可用于感冒发热，咳嗽咯血，肝炎，肠炎，痢疾，尿路感染，急性肾炎，乳腺炎；外用可治疗疮、烧烫伤。张家界所产铁线蕨属植物中有观赏价值的还有掌叶铁线蕨（Adiantum pedatum）和扇叶铁线蕨（Adiantum flabellulatum）。

（三）东方荚果蕨（Matteuccia orientalis）

【来源】球子蕨科荚果蕨属植物东方荚果蕨。

【形态特征】草本，植株高达 1 m。叶柄基部密被鳞片；鳞片披针形，长达 2 cm。叶簇生，二形；不育叶叶柄长 30 ~ 70 cm，粗 3 ~ 9 mm；叶片椭圆形，长 40 ~ 80 cm，宽 20 ~ 40 cm，先端渐尖并为羽裂，基部不变狭，二回深羽裂，羽片 15 ~ 20 对，互生，斜展或有时下部羽片平展，下部羽片最长，线状倒披针形，长 13 ~ 20 cm，宽 2 ~ 3.5 cm，全缘或有微齿，通常下部裂片较短，中部以上的最长；能育叶叶柄长 20 ~ 45 cm，叶片椭圆形或椭圆状倒披针形，长 12 ~ 38 cm，宽 5 ~ 11 cm，一回羽状，羽片多数，斜向上，线形，长达 10 cm，宽达 5 mm，两侧强度反卷成荚果状，深紫色，幼时完全包被孢子

囊群，孢子囊群圆形。（图 5.3）

图 5.3

【分布与生境】武陵源花旗峪，永定石长溪林场有分布，生于海拔 1000 m 左右的山坡。

【用途】植株较大，叶二形，优雅、大方，适宜作庭园观赏植物。

【通识拓展】东方荚果蕨根茎、茎叶可药用，有祛风、止血的功效；用于治疗风湿痹痛，外伤出血。

（四）长鳞耳蕨（Polystichum longipaleatum）

【来源】鳞毛蕨科耳蕨属植物长鳞耳蕨。

【形态特征】草本，植株高 50 ~ 120 cm。叶簇生；叶柄长 16 ~ 48 cm，腹面有纵沟，密生棕色线形、披针形和较大鳞片；叶片矩圆状披针形或矩圆形，二回羽状；羽片 25 ~ 40 对，互生，斜向上，不对称；小羽片 16 ~ 38 对，互生，近无柄，矩圆形，长 0.5 ~ 1.0 cm，宽 0.3 ~ 0.5 cm，先端急尖，具短尖头，基部楔形，下侧具短芒，羽片基部上侧一片最大，具缺刻；小羽片侧脉 5 ~ 7 对，二歧分叉，两面密被长纤毛状小鳞片；叶轴腹面有纵沟，背面密生棕色线形、披针形和较大鳞片。孢子囊群圆形，小而早落，小羽片主脉两侧各一行，2 ~ 5 对。（图 5.4）

图 5.4　长鳞耳蕨

【分布与生境】武陵源鹞子寨有分布，生于山坡、灌丛中。

【用途】植株大型，叶自基部簇生，向四周散开，如大盘状，极其美观，适宜作庭园观赏植物。

【通识拓展】张家界的耳蕨属植物资源非常丰富，除本种外，具有观赏价值的还有黑鳞耳蕨（Polystichum makinoi）、革叶耳蕨（Polystichum neolobatum）（图5.5）、戟叶耳蕨（Polystichum tripteron）、对生耳蕨（Polystichum deltodon）等。

图 5.5　革叶耳蕨

（五）庐山石韦（Pyrrosia sheareri）

【来源】水龙骨科石韦属庐山石韦。

【形态特征】草本，植株通常高 20 ~ 50 cm。叶柄粗壮，基部密被鳞片，向上疏被星状毛，禾秆色至灰禾秆色；叶片椭圆状披针形，近基部处为最宽，向上渐狭，渐尖头，顶端钝圆，基部近圆截形或心形，通常不对称，长 10 ~ 30 cm 或更长，宽 2.5 ~ 6 cm，全缘，厚革质，上面淡灰绿色或淡棕色，光滑无毛，下面棕色，被厚层星状毛。主脉粗壮，两面均隆起。孢子囊群呈点状排列于侧脉间，布满基部以上的叶片下面，幼时被星状毛覆盖，成熟时孢子囊开裂而呈砖红色。（图 5.6）

图 5.6　庐山石韦

【分布与生境】桑植天平山，武陵源杨家界，永定区天门山等地有分布，尤以天门山分布最多，生长于海拔 500 m 以上的岩石和树上。

【用途】叶丛生，叶片宽大，叶面绿色，光滑油亮，背面棕色，很有观赏性，适宜作假山造景和室内装饰之用。

【通识拓展】张家界分布的石韦属植物还有石韦（Pyrrosia lingua）、有柄石韦（Pyrrosia petiolosa）等，它们和庐山石韦都是中药材石韦的来源，有利尿通淋，清热止血的功效；用于热淋，血淋，石淋，小便不通，淋沥涩痛，吐血，衄血，尿血，崩漏，肺热喘咳。

（六）虎耳草（Saxifraga stolonifera）

【来源】虎耳草科虎耳草属植物虎耳草。

【形态特征】草本，多年生草本，高 14～45 cm。叶数个全部基生或有时 1～2 生茎下部；叶片肾形，长 1.7～7.5 cm，宽 2.4～12 cm，不明显地 9～11 浅裂，边缘有牙齿，两面有长伏毛，下面常红紫色或有斑点；叶柄长 3～21 cm，与茎都有伸展的长柔毛。圆锥花序稀疏；花梗有短腺毛；萼片 5，稍不等大，卵形，长 1.8～3.5 mm；花瓣 5，白色，3 个小，卵形，长 2.8～4 mm，有红斑点，下面 2 个大，披针形，长 0.8～1.5 cm；雄蕊 10；心皮 2，合生。（图 5.7、图 5.8）

图 5.7　虎耳草（1）　　　　　图 5.8　虎耳草（2）

【分布与生境】全市广布，生于林下、灌丛和阴湿岩隙。

【用途】叶形漂亮，适宜做盆栽和假山造景。

【通识拓展】虎耳草全草可药用，有清热解毒的功效；用于小儿发热，咳嗽气喘；外用可治中耳炎，耳廓溃烂，疔疮，疖肿，湿疹。虎耳草的叶有两种类型，一种纯绿色，一种具有白色斑纹，两种在自然界很少混生，但笔者曾在慈利县庄塔乡观察到两种类型的虎耳草混生的情况。

（七）红雉凤仙花（Impatiens oxyanthera）

【来源】凤仙花科凤仙花属植物红雉凤仙花。

【形态特征】一年生草本，高 20～40 cm。茎直立，叶互生，卵形或卵状披针形，长 6～8 cm，宽 3.5～4 cm，顶端急尖或渐尖，基部楔形，狭成长 1.5～3 cm 的叶柄，边缘具粗锯齿，齿端具小尖，侧脉 4～5 对。总花梗生于上部叶腋，长于叶柄，纤细，具 2 花；花梗长 10～15 mm，下面的在基部，上面的在中部具苞片。花大，红色或淡紫红色，长 2～2.5 cm；侧生萼片 2，圆形或椭圆形；旗瓣圆形，中肋背面增厚，具龙骨状突起，顶端具弯曲突尖；翼瓣无柄，2 裂，基部裂片圆形，上部裂片较长；唇瓣檐部近囊状漏斗形，基部狭成短于檐部内弯的钝距，具红色条纹。蒴果线形，长 1.5 cm。花期 6—9 月。（图 5.9）

图 5.9　红雉凤仙花

【分布与生境】武陵源、天门山均有分布。生于山坡林缘或路旁阴湿处。

【用途】花形如龙虾，在张家界素有"龙虾花"的美称，是张家界各景区常见的野生花卉。

【通识拓展】在张家界，人们常把凤仙花属植物叫做"龙虾花"。张家界各景区常见的还有块节凤仙花（Impatiens pinfanensis）（图 5.10）、齿萼凤仙花（Impatiens dicentra）等。其中块节凤仙花形似红雉凤仙花，但总花梗仅具 1 花。

图 5.10　块节凤仙花

（八）水烛（Typha angustifolia）

【来源】香蒲科香蒲属植物香蒲。

【形态特征】多年生，水生或沼生草本。地上茎直立，粗壮，高约 1.5 ~ 2.5（~3）m。叶片长 54 ~ 120 cm，宽 0.4 ~ 0.9 cm，上部扁平，中部以下腹面微凹，背面向下逐渐隆起呈凸形，下部横切面呈半圆形；叶鞘抱茎。雌雄花序相距 2.5 ~ 6.9 cm；雄花序轴具褐色扁柔毛，单出，或分叉；叶状苞片 1 ~ 3 枚，花后脱落；雌花序长 15 ~ 30 cm，基部具 1 枚叶状苞片，通常比叶片宽，花后脱落。小坚果长椭圆形，长约 1.5 mm，具褐色斑点，纵裂。种子深褐色，长约 1 ~ 1.2 mm。花、果期 6—9 月。（图 5.11）

图 5.11　水烛

【分布与生境】全市各地散见，生于池塘、沟渠等处。

【用途】叶片挺拔，花序粗壮，常用于花卉观赏。

【通识拓展】水烛的花序可药用，药材名蒲黄，有止血、化淤、通淋的功效；用于吐血，衄血，咯血，崩漏，外伤出血，经闭痛经，脘腹刺痛，跌扑肿痛，血淋涩痛。张家界还产香蒲属植物香蒲（Typha orientalis），用途与水烛相同。

（九）石菖蒲（Acorus tatarinowii）

【来源】天南星科菖蒲属植物石菖蒲。

【形态特征】草本。根茎芳香，粗 2 ~ 5 mm，外部淡褐色，节间长 3 ~ 5 mm，根肉质，具多数须根，根茎上部分枝甚密，植株因而成丛生状，分枝常被纤维状宿存叶基。叶无柄，叶片薄，基部两侧膜质叶鞘宽可达 5 mm，上延几达叶片中部，渐狭，脱落；叶片暗绿色，线形，长 20～30（～50）cm，基部对折，中部以上平展，宽 7～13 mm，先端渐狭，无中肋，平行脉多数，稍隆起。花序柄腋生，长 4～15 cm，三棱形。叶状佛焰苞长 13～25 cm，为肉穗花序长的 2～5 倍或更长；肉穗花序圆柱状，长（2.5）4～6.5（～8.5）cm，粗 4～7 mm，上部渐尖，直立或稍弯。花白色。成熟果序长 7～8 cm，粗可达 1 cm。幼果绿色，成熟时黄绿色或黄白色。花、果期 2—6 月。（图 5.12）

图 5.12　石菖蒲

【分布与生境】全市广布，生长于湿地或溪旁石上。

【用途】植株丛生，适宜作园林造景，栽培在溪水之间的岩石间，达到美化效果。

【通识拓展】石菖蒲根茎药用，有化湿开胃、开窍豁痰、醒神益智的功效；用于脘痞不饥，噤口下痢，神昏癫痫，健忘失眠，耳聋耳鸣。

（十）大百合（Cardiocrinum giganteum）

【来源】百合科大百合属植物大百合。

【形态特征】草本。小鳞茎卵形，高 3.5～4 cm，直径 1.2～2 cm。茎直立，中空，高 1～2 m，直径 2～3 cm。叶纸质，网状脉；基生叶卵状心形或近宽矩圆状心形，茎生叶卵状心形，下面的长 15～20 cm，宽 12～15 cm，叶柄长 15～20 cm，向上渐小。总状花序有花 10～16 朵，无苞片；花狭喇叭形，白色，里面具淡紫红色条纹；花被片条状倒披针形，长 12～15 cm，宽 1.5～2 cm；蒴果近球形，长 3.5～4 cm，宽 3.5～4 cm，顶端有 1 小尖突，基部有粗短果柄，红褐色，具 6 钝棱和多数细横纹，3 瓣裂。种子呈扁钝三角形，红棕色。花期 6—7 月，果期 9—10 月。（图 5.13、图 5.14）

图 5.13　大百合（1）　　　　　图 5.14 大百合（2）

【分布与生境】桑植八大公山，武陵源金鞭溪、沙刀沟，永定区石长溪林场等地有分布，生于林下草丛中。

【用途】植株高大，叶片宽大、光亮，花多而鲜艳，观赏价值大，可作庭园观赏植物栽培。

【通识拓展】永定区天门山还产大百合属植物荞麦叶大百合（Cardiocrinum cathayanum）（图 5.15），也可作观赏植物栽培。大百合和荞麦叶大百合叶形相近，但有两个显著区别：一是花期不同。大百合花期较早，一般在每年 5 月下旬进入花期；荞麦叶大百合花期较晚，一般在每年 7 月上旬进入花期。二是花的数目不同。大百合的总状花序上有 10 ~ 16 朵花，荞麦叶大百合的总状花序上仅有 3 ~ 5 朵花。

图 5.15　荞麦叶大百合

（十一）阔叶山麦冬（Liriope platyphylla）

【来源】百合科山麦冬属植物阔叶山麦冬。

【形态特征】草本。根细长，分枝多，有时局部膨大成纺锤形的小块根，小块根长达 3.5 cm，宽约 7 ~ 8 mm，肉质；根状茎短，木质。叶密集成丛，革质，长 25～65 cm，宽 1～3.5 cm，先端急尖或钝，基部渐狭，具 9～11 条脉，有明显的横脉。花葶通常长于叶，长 45～100 cm；总状花序长（12～）25～40 cm，具许多花；花（3～）4～8 朵簇生于苞片腋内；花被片矩圆状披针形或近矩圆形，紫色或红紫色；花柱长约 2 mm，柱头三齿裂。种子球形，直径 6～7 mm，成熟时变黑紫色。花期 7—8 月，果期 9—11 月。（图 5.16）

图 5.16 阔叶山麦冬

图 5.17 山麦冬

【分布与生境】全市广布，武陵源金鞭溪分布最多，生于山地、山谷林下或潮湿处。

【用途】叶密集丛生，常绿，漂亮，是非常不错的庭园绿化、观赏植物。

【通识拓展】张家界各地分布的山麦冬属植物还有山麦冬（Liriope spicata）（图 5.17），也可作观赏植物栽培。目前，张家界各地作为园林观赏的主要是沿阶草属植物，如麦冬、沿阶草等，山麦冬和阔叶山麦冬还利用得较少。

（十二）春剑（Cymbidium goeringii var. longibracteatum）

【来源】兰科兰属植物春兰的变种春剑。

【形态特征】草本。叶长 50～70 cm，宽 1.2～1.5 cm，质地坚挺，直立性强。花 3～5（～7）朵；花苞片长于花梗和子房，宽阔，常包围子房；萼片与花瓣不扭曲。花期 1—3 月。（图 5.18、图 5.19）

图 5.18 春剑（1）

图 5.19 春剑（1）

【分布与生境】市区及其附近山林中有分布，生于常绿阔叶林和杂木林下。

【用途】本种叶坚挺，直立性强，每个花序为 3～5 朵花，花色丰富，有红、黄、绿、白四大基本原色，与春兰原变种相比，花的数目更多，花的颜色更加丰富，艳丽、高雅，是养兰者极为推崇的兰草，无论个人家居还是办公机构均可栽培。

【通识拓展】张家界分布多种兰科兰属植物，都是著名观赏花卉，包括建兰（Cymbidium ensifolium）、蕙兰（Cymbidium faberi）、多花兰（Cymbidium floribundum）、春兰（Cymbidium goeringii）、寒兰（Cymbidium kanran）（图 5.20），比较常见的是春兰、蕙兰和春剑。

图 5.20　寒兰

（十三）篦子三尖杉（Cephalotaxus oliveri）

【来源】三尖杉科三尖杉属植物篦子三尖杉。

【形态特征】灌木，高达 4 m，树皮灰褐色。叶条形，质硬，平展成两列，排列紧密，通常中部以上向上方微弯，稀直伸，长 1.5～3.2（多为 1.7～2.5）cm，宽 3～4.5 mm，基部截形或微呈心形，几无柄，先端凸尖或微凸尖，上面深绿色，微拱圆，中脉微明显或中下部明显，下面气孔带白色，较绿色边带宽 1～2 倍。雄球花 6～7 聚生成头状花序，每一雄球花基部有 1 枚广卵形的苞片，雄蕊 6～10 枚；雌球花的胚珠通常 1～2 枚发育成种子。种子倒卵圆形、卵圆形或近球形，长约 2.7 cm，径约 1.8 cm，顶端中央有小凸尖。花期 3—4 月，种子 8—10 月成熟。（图 5.21）

【分布与生境】张家界各地散见，生于阔叶树林或针叶树林下。

【用途】灌木状，叶条形，排列紧密，树形和叶形均显优雅，适宜于庭园观赏树种栽培。

【通识拓展】张家界各地还产三尖杉属植物三尖杉（Cephalotaxus fortunei）（图 5.22）、粗榧（Cephalotaxus sinensis），这两种植物也可用作庭园观赏。篦子三尖杉、三尖杉、粗榧等三尖杉属植物，含三尖杉生物碱（cephalotaxine），对淋巴肉瘤、肺癌等有较好的疗效。因长期采伐，目前三尖杉属植物资源已相当稀少，人工栽培三尖杉属植物很有必要。

图 5.21 篦子三尖杉　　　　　　　　　图 5.22 三尖杉

（十四）曼青冈（Cyclobalanopsis oxyodon）

【来源】壳斗科青冈属植物曼青冈。

【形态特征】常绿乔木，高达 20 m。叶长椭圆形至长椭圆状披针形，长13～22 cm，宽 3～8 cm，顶端渐尖或尾尖，基部圆或宽楔形，常略偏斜，叶缘有锯齿，中脉在叶面凹陷，在叶背显著凸起，侧脉每边 16～24 条，叶面绿色，叶背被灰白色或黄白色粉；叶柄长 2.5～4 cm。雄花序长 6～10 cm；雌花序长 2～5 cm。壳斗杯形，包着坚果 1/2 以上，直径 1.5～2 cm；小苞片合生成 6～8 条同心环带，环带边缘粗齿状。坚果卵形至近球形，直径 1.4～1.7 cm，高 1.6～2.2 cm。花期 5—6 月，果期 9—10 月。（图 5.23）

图 5.23 曼青冈

【分布与生境】永定区天门山有分布，生于山坡、杂木林中。

【用途】常绿，叶片宽大，叶脉鲜明，可用作庭园观赏树种栽培。

【通识拓展】张家界分布多种青冈属植物，包括福建青冈（Cyclobalanopsis chungii）、赤皮青冈（Cyclobalanopsis gilva）（图 5.24）、青冈（Cyclobalanopsis glauca）、细叶青冈（Cyclobalanopsis gracilis）、多脉青冈（Cyclobalanopsis multinervis）（图 5.25）、褐叶青冈（Cyclobalanopsis stewardiana）等。青冈属植物叶常绿，果实（总苞和坚果）外观漂亮，均可用作庭园观赏树种。另外，该属植物木材材质重、硬，耐腐力强，可作桩柱、车辆、桥梁、运动器械等用材；壳斗、树皮富含单宁，可提制栲胶；种子富含淀粉可作饲料、酿酒和工业用淀粉。

图 5.24　赤皮青冈　　　　　　图 5.25　多脉青冈

（十五）红毒茴（Illicium lanceolatum）

【来源】木兰科八角属植物红毒茴，别名披针叶茴香、莽草。

【形态特征】灌木或小乔木，高 3～10 m，树皮浅灰色至灰褐色。叶互生或在小枝近顶端排成假轮生，革质，披针形、倒披针形或倒卵状椭圆形，长 5～15 cm，宽 1.5～4.5 cm，先端尾尖或渐尖、基部窄楔形；中脉在叶面微凹陷，叶下面稍隆起；叶柄纤细，长 7～15 mm。花腋生或近顶生，单生或 2～3 朵，红色、深红色；花梗纤细，花被片 10～15，肉质，椭圆形或长圆状倒卵形，长 8～12.5 mm，宽 6～8 mm。果梗长可达 6 cm，蓇葖 10～14 枚轮状排列，直径 3.4～4 cm，顶端有向后弯曲的钩状尖头。花期 4—6 月，果期 8—10 月。（图 5.26）

图 5.26　红毒茴

【分布与生境】永定区四都坪有分布，生于阴湿山谷和溪流沿岸。

【用途】叶常绿，密集，革质，披针形，花红色，聚合果由多个蓇葖组成，轮状排列。树形、叶、花、果均具观赏性，适宜作庭园观赏树种栽培。

【通识拓展】张家界分布的八角属植物还有红茴香（Illicium henryi）、大八角（Illicium majus）、野八角（Illicium simonsii），也可用作观赏植物。

（十六）三桠乌药（Lindera obtusiloba）

【来源】樟科山胡椒属植物三桠乌药。

【形态特征】落叶灌木或小乔木，高 3 ~ 10 m。叶互生，纸质，卵形或宽卵形，长 6.5 ~ 12 cm，宽 5.5 ~ 10 cm，全缘或上部 3 裂，上面绿色，有光泽，下面带绿苍白色；有三出脉；叶柄长 1.2 ~ 2.5 cm。伞形花序腋生，总花梗极短；苞片花后脱落；花黄色，于叶前开花；花被片 6；能育雄蕊 9，花药 2 室，皆内向瓣裂；花梗长 3 ~ 4 mm。果实球形，直径 7 ~ 8 mm，鲜时红色，后变紫黑色，干时黑褐色。花期 3—4 月，果期 8—9 月。（图 5.27）

图 5.27 三桠乌药

【分布与生境】桑植八大公山，永定区天门山、石长溪林场等地有分布，生于杂木林中或林缘。

【用途】落叶灌木或小乔木，春季长出的幼叶为紫红色，后变为绿色，有光泽，全缘或上部三裂。叶形美观，可作庭园观赏植物栽培。

【通识拓展】张家界分布的山胡椒属植物还有很多，具有观赏价值的也不少，如香叶树（Lindera communis）、香叶子（Lindera fragrans）、山胡椒（Lindera glauca）、黑壳楠（Lindera megaphylla）、香粉叶（Lindera pulcherrima var. attenuata）（图 5.28）、川钓樟（Lindera pulcherrima var. hemsleyana）、菱叶钓

樟（Lindera supracostata）（图 5.29）等。

图 5.28　香粉叶

图 5.29　菱叶钓樟

（十七）大叶新木姜子（Neolitsea levinei）

【来源】樟科新木姜子属植物大叶新木姜子。

【形态特征】乔木，树皮深褐色。叶轮生，革质，倒卵状矩圆形，长 20 ~ 30 cm，宽 5 ~ 9 cm，上面深绿色，下面带绿苍白色，离基三出脉，侧脉两面隆起；叶柄长 1.5 ~ 2 cm。复伞形花序枝侧生，每花序约有 20 ~ 30 朵花；总花梗短，长约 2 mm；花梗长 3 mm，密生柔毛；花被片 4，卵形，长 3 mm，背面有疏柔毛；能育雄蕊 6，花药 4 室，均内向瓣裂。果实椭圆形，长约 2 cm，直径 1.5 cm，黑色；果梗长 7 mm，顶部稍增粗。（图 5.30）

【分布与生境】产武陵源金鞭溪、鹞子寨、杨家界等地，生于山地路旁、水旁及山谷密林中。

【用途】叶大型，枝顶轮生，顶芽大而长，树形美观，是很不错的观叶植物，适宜作庭园观赏植物栽培。

【通识拓展】张家界还有其他一些新木姜子属植物，叶片较大叶新木姜子小，但也都是在枝顶簇生或轮生，也具观赏性，这些植物包括新木姜子（Neolitsea aurata）、云和新木姜子（Neolitsea aurata var. paraciculata）、簇叶新木姜子（Neolitsea confertifolia）（图 5.31）等。

图 5.30　大叶新木姜子

图 5.31　簇叶新木姜子

（十八）阔叶十大功劳（Mahonia bealei）

【来源】小檗科十大功劳属植物阔叶十大功劳。

【形态特征】灌木或小乔木。具 4～10 对小叶，上面暗灰绿色，背面被白霜，两面叶脉不显。小叶厚革质，硬直，自叶下部往上小叶渐次变长而狭，最下一对小叶卵形，长 1.2～3.5 cm，宽 1～2 cm，具 1～2 粗锯齿，往上小叶近圆形至卵形或长圆形，长 2～10.5 cm，宽 2～6 cm，基部阔楔形或圆形，偏斜，有时心形，边缘每边具 2～6 粗锯齿，先端具硬尖，顶生小叶较大，长 7～13 cm，宽 3.5～10 cm，具柄。总状花序直立，通常 3～9 个簇生；花黄色；花瓣倒卵状椭圆形，长 6～7 mm，宽 3～4 mm，基部腺体明显，先端微缺。浆果卵形，长约 1.5 cm，直径约 1～1.2 cm，深蓝色，被白粉。花期 9 月至翌年 1 月，果期 3—5 月。（图 5.32）

图 5.32　阔叶十大功劳　　　　图 5.33　宽苞十大功劳

【分布与生境】全市各地分布，生于阔叶林、混交林下，林缘，草坡或灌丛中。

【用途】奇数羽状复叶，小叶厚革质，坚硬，具粗齿，是很好的观叶植物，适宜于作庭园观赏植物栽培。

【通识拓展】张家界各地分布最多的十大功劳属植物是宽苞十大功劳（Mahonia eurybracteata）（图 5.33），小叶 6～9 对，小叶椭圆状披针形至狭卵形，边缘每边具 3～9 刺齿。十大功劳属植物主要成分为小檗碱，可药用。叶有滋阴清热的功效，用于肺结核，感冒。根、茎有清热解毒的功效；用于细菌性痢疾，急性肠胃炎，传染性肝炎，肺炎，肺结核，支气管炎，咽喉肿痛；外用可治眼结膜炎，痈疖肿毒，烧、烫伤。

（十九）厚皮香（Ternstroemia gymnanthera）

【来源】山茶科厚皮香属植物厚皮香。

【形态特征】小乔木或灌木，高 3 ~ 8 m。小枝粗壮，圆柱形。叶革质，矩圆状倒卵形，长 5 ~ 10 cm，宽 2.5 ~ 5 cm，基部渐窄而下延，全缘，两面无毛，中脉在叶上面下陷，侧脉不显；叶柄长 1.5 cm。花淡黄色，直径 1.8 cm，单独腋生或簇生小枝顶端，花梗长 1 ~ 1.5 cm；萼片和花瓣各 5，基部合生；雄蕊多数；子房 2 ~ 3 室，柱头顶端 3 浅裂。果为干燥的浆果状，直径 1.2 ~ 1.5 cm，萼片宿存。花期 5—7 月，果期 8—10 月。（图 5.34）

图 5.34　厚皮香

【分布与生境】武陵源黄石寨、杨家界、十里画廊等地有分布。生长在山地林中、林缘路边。

【用途】树形美观，叶革质，有光泽，是良好的观叶植物，可用作庭园观赏植物栽培。

【通识拓展】厚皮香的叶、花可药用。叶有清热解毒、散瘀消肿的功效；用于疮痈肿毒，乳痈。花揉烂搽癣，可止痒痛。

（二十）小叶蚊母树（Distylium buxifolium）

【来源】金缕梅科蚊母树属植物小叶蚊母树。

【形态特征】常绿灌木，高 1 ~ 2 m。叶薄革质，倒披针形或矩圆状倒披针形，长 3 ~ 5 cm，宽 1 ~ 1.5 cm，先端锐尖，基部狭窄下延；侧脉 4 ~ 6 对，在上面不明显，在下面略突起，网脉在两面均不显著；边缘无锯齿，仅在最尖端有小尖突；叶柄极短，长不到 1 mm；托叶短小，早落。雌花或两性花的穗状花序腋生，长 1 ~ 3 cm，花序轴有毛，苞片线状披针形，长 2 ~ 3 mm；萼筒极短，萼齿披针形，长 2 mm。蒴果卵圆形，长 7 ~ 8 mm，有褐色星状绒毛，先端尖锐，宿存花柱长 1 ~ 2 mm。种子褐色，长 4 ~ 5 mm，发亮。（图 5.35）

图 5.35　小叶蚊母树

图 5.36　杨梅叶蚊母树

【分布与生境】全市各地均有分布，常生于溪沟、河流两岸。

【用途】灌木状，叶常绿，密生，薄革质，是不错的观叶植物，可用作庭园观赏植物栽培。

【通识拓展】张家界分布的蚊母树属植物还有中华蚊母树（Distylium chinense）、杨梅叶蚊母树（Distylium myricoides）（图 5.36）等，也可作观赏植物栽培。其中，中华蚊母树与小叶蚊母树相似，区别在于：一是中华蚊母树叶柄 2～3 mm，小叶蚊母树几无柄；二是中华蚊母树的叶片在靠近先端处有 2～3 个小锯齿，小叶蚊母树叶边缘无锯齿。

（二十一）钟花樱桃（Cerasus campanulata）

【来源】蔷薇科樱属植物钟花樱桃，别名福建山樱花。

【形态特征】乔木或灌木。叶片卵形、卵状椭圆形或倒卵状椭圆形，薄革质，长 4～7 cm，宽 2～3.5 cm，先端渐尖，基部圆形，边有急尖锯齿，常稍不整齐，上面绿色，侧脉 8～12 对；叶柄长 8～13 mm，顶端常有腺体 2 个。伞形花序，有花 2～4 朵，先叶开放，花直径 1.5～2 cm；总梗短，长 2～4 mm；苞片褐色，边有腺齿；花梗长 1～1.3 cm；萼筒钟状，基部略膨大，萼片长圆形，先端圆钝；花瓣倒卵状长圆形，粉红色，先端颜色较深，下凹；雄蕊 39～41 枚。核果卵球形，纵长约 1 cm，横径 5～6 mm，顶端尖。花期 2—3 月，果期 4—5 月。（图 5.37）

【分布与生境】武陵源金鞭溪、沙刀沟有分布，生于沟谷、林缘、林中。

图 5.37　钟花樱桃

【用途】该种早春开花，花瓣粉红色，鲜艳，适宜于作庭园观赏植物栽培。

【通识拓展】张家界有丰富的樱属植物资源分布，除钟花樱桃外，还产微毛樱桃（Cerasus clarofolia）、尾叶樱桃（Cerasus dielsiana）、山樱花（Cerasus serrulata）、四川樱桃（Cerasus szechuanica）等。这些樱属植物均可用作庭园观赏植物。

（二十二）红柄白鹃梅（Exochorda giraldii）

【来源】蔷薇科白鹃梅属植物红柄白鹃梅。

【形态特征】落叶灌木。叶片椭圆形、长椭圆形，稀长倒卵形，长 3～4 cm，宽 1.5～3 cm，先端急尖，突尖或圆钝，基部楔形、宽楔形至圆形，稀偏斜，全缘，稀中部以上有钝锯齿；叶柄长 1.5～2.5 cm，常红色。总状花序，有花 6～10 朵；花直径 3～4.5 cm；萼筒浅钟状；萼片短而宽，近于半圆形，先端圆钝，全缘；花瓣倒卵形或长圆倒卵形，长 2～2.5 cm，宽约 1.5 cm，先端圆钝，基部有长爪，白色；雄蕊 25～30。蒴果倒圆锥形，具 5 脊。花期 5 月，果期 7—8 月。（图 5.38）

图 5.38　红柄白鹃梅

【分布与生境】武陵源月亮垭、永定区天门山有分布，生于海拔 800 m 以上的石灰岩山坡、灌木林中。

【用途】花朵繁茂，花色雪白，果形奇异，极具观赏性，可作庭园观赏植物栽培。

【通识拓展】作者曾认为该植物为红柄白鹃梅的变种绿柄白鹃梅，原因是多次观察到该植物的叶柄为绿色，而非红色。直到后来才发现，其实该植物的叶柄并非始终为绿色或者红色，而是在前期呈现为绿色，后期逐渐转变为红色。

（二十三）合欢（Albizia julibrissin）

【来源】豆科合欢属植物合欢。

【形态特征】落叶乔木，树冠开展，小枝有棱角。二回羽状复叶，总叶柄近基部及最顶一对羽片着生处各有 1 枚腺体；羽片 4 ~ 12 对；小叶 10 ~ 30 对，线形至长圆形，长 6 ~ 12 mm，宽 1 ~ 4 mm，向上偏斜，先端有小尖头；中脉紧靠上边缘。头状花序于枝顶排成圆锥花序；花粉红色；花萼管状，长 3 mm；花冠长 8 mm，裂片三角形，长 1.5 mm；花丝长 2.5 cm。荚果带状，长 9 ~ 15 cm，宽 1.5 ~ 2.5 cm。花期 6—7 月，果期 8—10 月。（图 5.39）

图 5.39　合欢

【分布与生境】武陵源金鞭溪、永定区王家坪、天门山、喻家溪等地有分布，生长于山谷、山坡、疏林下。

【用途】树形雅致，树冠如伞，枝叶繁茂，花色艳丽，是优良的庭院观赏树种和行道树种。

【通识拓展】合欢的木材细致、耐久，供建筑、家具、器具用材。树皮及花药用，其中合欢皮有解郁安神、活血消肿的功效，用于心神不安，忧郁失眠，肺痈疮肿，跌扑伤痛；合欢花也有解郁安神的功效。张家界还产合欢属植物山槐（Albizia kalkora）（图 5.40），分布更为广泛。该种也是二回羽状复叶，但叶片较合欢大，花为黄白色，也可用作庭园观赏树种，大庸桥公园就有栽培。树皮也可药用，为合欢皮的代用品。

图 5.40 山槐

（二十四）交让木（Daphniphyllum macropodum）

【来源】交让木科虎皮楠属植物交让木。

【形态特征】常绿乔木。单叶互生而丛生于枝端，常于新叶开放时，老叶全部凋落，故有"交让木"之称；叶矩圆形，厚革质，长 15～20 cm，顶端渐尖，基部圆楔形，全缘，上面有光泽，下面蓝白色，中脉带红色；叶柄粗壮，长 3～4 cm，平滑，红色。花小，淡绿色，成短总状花序，雌雄异株；雄花不具花被而有长梗，雄蕊 8～10，花丝短；雌花有花被片 8～10，子房 2 室，柱头上密生深红色柔毛，花后变黑色。核果长椭圆形，黑色，外果皮肉质，内果皮坚硬。花期 3—5 月，果期 8—10 月。（图 5.41）

图 5.41 交让木

图 5.42 虎皮楠

【分布与生境】桑植上河溪，武陵源天子山、鹞子寨，永定天门山等地有分布，生于海拔 600 m 以上的阔叶林中。

【用途】叶片常聚生于枝顶，革质，有光泽，四季常绿，是很好的观叶植物，可作庭园观赏植物栽培。

【通识拓展】张家界分布的虎皮楠属植物还有虎皮楠（Daphniphyllum oldhami）（图 5.42）、牛耳枫（Daphniphyllum calycinum），虎皮楠广布于武陵源，牛耳枫在永定区四都坪散见，均可作观赏植物栽培。

（二十五）血皮槭（Acer griseum）

【来源】槭树科槭属植物血皮槭。

【形态特征】落叶乔木，高 7～10 m。树皮赭褐色，常成纸片状脱落。复叶，由 3 小叶组成；小叶椭圆形或矩圆形，长 4～6 cm，宽 2～3 cm，顶端钝尖，边缘常具 2～3 个钝粗锯齿，上面嫩时有短柔毛，后近无毛，下面有白粉，并生黄色疏柔毛，脉上更密，叶脉下面显著；叶柄有疏柔毛。密伞花序，常由 3 花组成，具疏柔毛，花黄绿色；雄花与两性花异株；萼片、花瓣都为 5；雄蕊 10。翅果长 3.2～3.8 cm，张开成锐角或近直立。花期 4 月，果期 9 月。（图 5.43、图 5.44）

图 5.43 血皮槭（1）　　　　图 5.44 血皮槭（2）

【分布与生境】永定天门山广布，猪石头林场也有分布。生于海拔 1000 m 以上的石灰岩山地阔叶林中。

【用途】本种有两大观赏点，一是树干赭褐色，有别于其他树种；二是叶片在入秋泛红，特别艳丽。可作庭园观赏树种栽培。

【通识拓展】张家界有多种槭属植物分布，有不少具观赏价值的树种，如阔叶槭（Acer amplum）、紫果槭（Acer cordatum）、革叶槭（Acer coriaceifolium）、青榨槭（Acer davidii）（图 5.45）、罗浮槭（Acer fabri）（图 5.46）、扇叶槭（Acer flabellatum）、建始槭（Acer henryi）（图 5.47）、光叶槭（Acer laevigatum）、毛果槭（Acer nikoense）、中华槭（Acer sinense）等。槭属植物多为乔木，果

期长，果实为 2 枚相连的小坚果，凸起或扁平，侧面有长翅，张开成各种大小不同的角度，极具观赏性，张家界野生槭属资源丰富，但目前园林上应用的还很少。仅见少量罗浮槭、光叶槭栽培。

图 5.45　青榨槭　　　　图 5.46　罗浮槭　　　　图 5.47　建始槭

（二十六）毛黄栌（Cotinus coggygria var. pubescens）

【来源】漆树科黄栌属植物毛黄栌，俗称红叶。

【形态特征】灌木，高 1 ~ 3 m。叶多为阔椭圆形，稀圆形，长 3 ~ 9 cm，宽 2.5 ~ 6 cm，先端钝圆或圆形，有时微凹，基部圆形或阔楔形，全缘，叶背尤其沿脉上和叶柄密被柔毛；侧脉每边 8 ~ 10 条，叶柄纤细。圆锥花序顶生，无毛；花瓣卵形或卵状披针形，长 2 ~ 2.5 mm，宽约 1 mm；雄蕊 5，长约 1.5 mm。果肾形，压扁状，长约 4.5 mm，宽约 2.5 mm。花期 4—5 月，果期 6—7 月。（图 5.48）

图 5.48　毛黄栌

【分布与生境】永定区天门山、崇山有广布，生长于海拔 800 m 以上的山坡林中。

【用途】叶为阔椭圆形，入秋泛红，景色宜人，每年 10 月上崇山观红叶者甚多，有如北京之观香山红叶。叶形雅致，叶色如火，可作庭园观赏植物栽培。

【通识拓展】毛黄栌与北京香山的红叶（Cotinus coggygria var. cinerea）均为黄栌的变种。主要区别在于毛黄栌的花序无毛，红叶被柔毛。吉首大学张家界学院校园里移栽了几棵毛黄栌，长势良好，说明该树种在低海拔环境下也能正常生长，适宜作城市园林植物。

（二十七）瘿椒树（Tapiscia sinensis）

【来源】省沽油科瘿椒树属植物瘿椒树，通称银鹊树。

【形态特征】落叶乔木，高 8～15 m。奇数羽状复叶，长达 30 cm；小叶 5～9，狭卵形或卵形，长 6～14 cm，宽 3.5～6 cm，基部心形或近心形，边缘具锯齿，上面绿色，背面带灰白色，密被近乳头状白粉点；侧生小叶柄短，顶生小叶柄长达 12 cm。圆锥花序腋生，雄花与两性花异株，雄花序长达 25 cm，两性花的花序长约 10 cm，花小，长约 2 mm，黄色，有香气；两性花：花萼钟状，长约 1 mm，5 浅裂；花瓣 5，狭倒卵形，比萼稍长；雄蕊 5，与花瓣互生，伸出花外。果序长达 10 cm，核果近球形或椭圆形，长仅达 7 mm。（图 5.49）

图 5.49　瘿椒树

【分布与生境】武陵源金鞭溪、沙刀沟，永定区天门山等地有分布，生长于山地阔叶林中、沟边。

【用途】树冠宽阔，树姿美观，羽状复叶，密生，可作庭园观赏植物栽培。

【通识拓展】瘿椒树为我国特有的古老树种。

（二十八）梧桐（Firmiana simplex）

【来源】梧桐科梧桐属植物梧桐，张家界俗称桐麻。

【形态特征】落叶乔木，高达 16 m；树皮青绿色，平滑。叶心形，掌状 3 ~ 5 裂，直径 15 ~ 30 cm，裂片三角形，顶端渐尖，基部心形，两面光滑无毛，基生脉 7 条，叶柄与叶片等长。圆锥花序顶生，长 20 ~ 50 cm，下部分枝长达 12 cm，花小，淡黄绿色；萼 5 裂至基部，裂片披针形。蓇葖果膜质，有柄，成熟前开裂成叶状，长 6 ~ 11 cm、宽 1.5 ~ 2.5 cm，每蓇葖果有种子 2 ~ 4 个；种子圆球形，表面有绉纹，直径约 7 mm。花期 6 月。（图 5.50）

图 5.50　梧桐

【分布与生境】全市各地散见，生长于路旁、山坡、林下。

【用途】树皮青绿色，树冠宽大如伞，为优良庭园观赏树种。

【通识拓展】本种木材轻软，是制木匣和乐器的良材。种子炒熟可食或榨油。茎、叶、花、果和种子均可药用，有清热解毒的功效。树皮的纤维洁白，可用以造纸和编绳等。

（二十九）山桐子（Idesia polycarpa）

【来源】大风子科山桐子属植物山桐子。

【形态特征】落叶乔木，高 8 ~ 21 m。叶薄革质或厚纸质，卵形或心状卵形，或为宽心形，长 13 ~ 16 cm，稀达 20 cm，宽 12 ~ 15 cm，先端渐尖或尾状，基部通常心形，边缘有粗的齿，齿尖有腺体，上面深绿色，光滑无毛，下面有白粉，通常 5 基出脉，第二对脉斜升到叶片的 3/5 处；叶柄长 6 ~ 12 cm，或更长，下部有 2 ~ 4 个紫色、扁平腺体，基部稍膨大。花单性，黄绿色，有芳香，花瓣缺，排列成顶生下垂的圆锥花序；雄花比雌花稍大，直径约 1.2 cm；萼片 3 ~ 6 片，通常 6 片，覆瓦状排列，长卵形；雌花比雄花稍小。浆果成熟

期紫红色，扁圆形；种子红棕色，圆形。花期 4—5 月，果熟期 10—11 月。（图
5.51、图 5.52）

图 5.51　山桐子（1）　　　　　　　图 5.52　山桐子（2）

【分布与生境】武陵源各处广布，生长于海拔 600 m 以上的落叶阔叶林和
混交林中。

【用途】树形优美，果实长序，结果累累，果色朱红，形似珍珠，风吹袅
袅，是很好的园林观赏树种。

【通识拓展】本种木材松软，可供相关建筑、家具、器具等的用材；为山
地营造速生混交林和经济林的优良树种；花多芳香，有蜜腺，为养蜂业的蜜
源资源植物。

（三十）吊石苣苔（Lysionotus pauciflorus）

【来源】苦苣苔科吊石苣苔属植物吊石苣苔。

【形态特征】小灌木，茎长 7～30 cm，不分枝或分枝。叶对生或 3～5 叶
轮生，有短柄或近无柄；叶片革质，楔形、楔状条形，有时狭矩圆形、狭卵
形或倒卵形，长 1.2～5.5 cm，宽 3～16 mm，边缘在中部以上有牙齿，无毛。
花序腋生，有 1～2 花；花萼长 4.5 mm，5 裂近基部，裂片三角状条形；花冠
白色，常带紫色，长 3.5～4.5 cm，上唇 2 裂，下唇 3 裂；能育雄蕊 2，花药
连着，退化雄蕊 2。蒴果长 7.5～9 cm；种子小，有长珠柄，顶端有 1 长毛。
（图 5.53）

【分布与生境】桑植八大公山、永定区天门山等地有分布，生于山地林中
或阴处石崖上或树上。

【用途】叶革质，轮生，花较大，白色至紫色。花叶优雅，适宜于作假山
造景或室内盆景。

图 5.53　吊石苣苔

【通识拓展】吊石苣苔全株可药用，药材名石吊兰，有清热利湿、祛痰止咳、活血调经的功效，用于咳嗽，支气管炎，痢疾，钩端螺旋体病，风湿疼痛，跌打损伤等。桑植县八大公山、永定区天门山还产同属植物桑植吊石苣苔（Lysionotus sangzhiensis）。

（三十一）灯台树（Cornus controversa）

【来源】山茱萸科山茱萸属植物灯台树。

【形态特征】落叶乔木，高 6～15 m。树皮光滑，暗灰色；当年生枝紫红绿色，二年生枝淡绿色。叶互生，纸质，阔卵形、阔椭圆状卵形或披针状椭圆形，长 6～13 cm，宽 3.5～9 cm，先端突尖，基部圆形或急尖，全缘，上面黄绿色，下面灰绿色，中脉在上面微凹陷，下面凸出，侧脉 6～7 对，弓形内弯。伞房状聚伞花序顶生，花小，白色，花萼裂片 4，三角形；花瓣 4，长圆披针形，长 4～4.5 mm，宽 1～1.6 mm，先端钝尖；雄蕊 4，着生于花盘外侧。核果球形，直径 6～7 mm，成熟时紫红色至蓝黑色；核骨质，球形，直径 5～6 mm，略有 8 条肋纹。花期 5—6 月，果期 7—8 月。（图 5.54）

图 5.54　灯台树

【分布与生境】全市广布，生于常绿阔叶林或针阔叶混交林中。

【用途】本种树冠广展，枝叶婆娑，花序大，花密集，可用作庭园观赏树种和行道树。

【通识拓展】本种原为灯台树属（Bothrocaryum）植物，学名为 Bothrocaryum controversum，中国植物志修订版改用现名。中国植物志修订版已将过去的山茱萸属、灯台树属、梾木属、四照花属均并入山茱萸属（Cornus），该属很多树种树形优雅，花叶美丽，适宜于作观赏植物。张家界分布的该属植物中可用作观赏植物的还有川鄂山茱萸（Cornus chinensis）、尖叶四照花（Cornus elliptica）、四照花（Cornus kousa subsp. chinensis）、小梾木（Cornus quinquenervis）（图 5.55）、光皮梾木（Cornus wilsoniana）。

图 5.55　小梾木

（三十二）杜鹃（Rhododendron simsii）

【来源】杜鹃花科杜鹃花属植物杜鹃。

【形态特征】落叶灌木，分枝多而纤细。叶革质，常集生枝端，卵形、椭圆状卵形或倒卵形或倒卵形至倒披针形，长 1.5～5 cm，宽 0.5～3 cm，先端短渐尖，基部楔形或宽楔形，边缘微反卷，具细齿，上面深绿色，疏被糙伏毛，下面淡白色，密被褐色糙伏毛、花 2～3（～6）朵簇生枝顶；花梗长 8毫米，密被亮棕褐色糙伏毛；花萼 5 深裂，裂片三角状长卵形；花冠阔漏斗形，玫瑰色、鲜红色或暗红色，长 3.5～4 cm，宽 1.5～2 cm，裂片 5，倒卵形，长 2.5～3 cm，上部裂片具深红色斑点；雄蕊 10，长约与花冠相等。蒴果卵球形，长达 1 cm；花萼宿存。花期 4—5 月，果期 6—8 月。（图 5.56）

图 5.56　杜鹃

【分布与生境】全市各地广布。生于海拔 500 m 以上的山地灌丛、林边，为我国中南及西南典型的酸性土指示植物。

【用途】花冠鲜红色，具有较高的观赏价值，可作庭园观赏植物栽培。

【通识拓展】张家界有多种杜鹃属植物分布，树形、花色迥异，均有很好的观赏价值。除杜鹃外，分布最多的是满山红（Rhododendron mariesii）（图 5.57）、鹿角杜鹃（Rhododendron latoucheae）（图 5.58）。

图 5.57　满山红

图 5.58　鹿角杜鹃

（三十三）灯笼树（Enkianthus chinensis）

【来源】杜鹃花科吊钟花属植物灯笼树。

【形态特征】落叶灌木或小乔木，幼枝灰绿色。叶常聚生枝顶，纸质，长圆形至长圆状椭圆形，长 3 ~ 4（ ~ 5）cm，宽 2 ~ 2.5 cm，先端钝尖，具短凸尖头，基部宽楔形或楔形，边缘具钝锯齿，中脉在表面下凹，连同侧脉在表面不明显，网脉在背面明显。花多数组成伞形花序状总状花序；花下垂；花萼 5 裂，裂片三角形；花冠阔钟形，长宽各 1 cm，肉红色，口部 5 浅裂；雄蕊 10 枚，着生于花冠基部。蒴果卵圆形，直径 6～7（～8）mm，室背开裂为 5 果瓣。种子长约 6 mm，微有光泽，具皱纹，有翅，每室有种子多数。花期 5 月，果期 6—10 月。（图 5.59）

图 5.59　灯笼树

【分布与生境】分布在武陵源黄石寨、鹞子寨等地。生于海拔 900 m 以上的山坡疏林、灌丛中。

【用途】花红色，阔钟状，下垂；花团锦簇，非常艳丽，可作庭园观赏树种栽培。

【通识拓展】张家界还产吊钟花属植物齿缘吊钟花（Enkianthus serrulatus）（图 5.60），永定区天门山有分布，4 月中上旬开花，花下垂，白绿色，很有特色，也可做庭园观赏植物栽培。

图 5.60　齿缘吊钟花

（三十四）美丽马醉木（Pieris formosa）

【来源】杜鹃花科马醉木属植物美丽马醉木。

【形态特征】常绿灌木或小乔木。小枝圆柱形，叶革质，披针形至长圆形，稀倒披针形，长 4~10 cm，宽 1.5~3 cm，先端渐尖或锐尖，边缘具细锯齿，基部楔形至钝圆形，表面深绿色，背面淡绿色，中脉显著；叶柄长 1~1.5 cm。总状花序簇生于枝顶的叶腋，或有时为顶生圆锥花序，长 4~10 cm，稀达 20 cm 以上；花冠白色，坛状，上部浅 5 裂，裂片先端钝圆；雄蕊 10，花丝线形，长约 4 mm，花药黄色。蒴果卵圆形，直径约 4 mm；种子黄褐色，纺锤形，外种皮的细胞伸长。花期 5—6 月，果期 7—9 月。（图 5.61）

【分布与生境】武陵源金鞭溪、天子山、鹞子寨等地分布，生于海拔 600 m 以上的灌丛、林下，喜生于干瘠山地及阳坡。

【用途】叶革质，簇生，通常幼叶紫红色；花朵簇生于枝顶，洁白无瑕。花叶艳丽，适宜于作庭园观赏植物栽培。

【通识拓展】本种全株有毒，叶适量煎水洗可治疥疮，切不可内服；也可用于驱除农作物害虫。

图 5.61　美丽马醉木

（三十五）乌柿（Diospyros cathayensis）

【来源】柿科柿属植物乌柿，俗称金弹子。

【形态特征】常绿或半常绿小乔木。叶薄革质，长圆状披针形，长 4~9 cm，宽 1.8~3.6 cm，两端钝，上面光亮，深绿色，下面淡绿色，中脉在上面稍凸起，在下面突起，侧脉每边 5~8 条。雄花生聚伞花序上，花萼 4 深裂，花冠壶状，长 5~7 mm，两面有柔毛，4 裂，裂片宽卵形，反曲；雄蕊 16 枚，分成 8 对，每对花丝一长一短；雌花单生，腋外生，白色，芳香；花萼 4 深裂，花冠较花萼短，壶状，4 裂，裂片覆瓦状排列，近三角形，长宽各约 2 mm，反曲，退化雄蕊 6 枚。果球形，直径 1.5~3 cm，熟时黄色；宿存萼 4 深裂，裂片革质，卵形。花期 4—5 月，果期 8—10 月。（图 5.62）

图 5.62　乌柿

【分布与生境】全市各地散见。生于海拔 600～1500 m 的石灰岩地区的河谷、山地或山谷林中。

【用途】野生乌柿形态各异，可作不同的造型；乌柿适宜从多角度观赏，四季可观树形、树叶，春季可赏花，秋冬可观果。目前乌柿已成为张家界最受追捧的园林观赏树种之一。

【通识拓展】张家界分布多种柿属植物，均可作观赏植物。它们是粉叶柿（Diospyros glaucifolia）、柿（Diospyros kaki）、君迁子（Diospyros lotus）（图 5.63）、苗山柿（Diospyros miaoshanica）、油柿（Diospyros oleifera）。

图 5.63　君迁子

（三十六）野茉莉（Styrax japonicus）

【来源】安息香科安息香属植物野茉莉。

【形态特征】灌木或小乔木。叶互生，纸质或近革质，椭圆形或长圆状椭圆形至卵状椭圆形，长 4～10 cm，宽 2～5（～6）cm，顶端急尖或钝渐尖，常稍弯，基部楔形或宽楔形，边近全缘或仅于上半部具疏离锯齿，侧脉每边 5～7 条，小脉网状，两面均明显隆起。总状花序顶生，有花 5～8 朵；花白色，花梗纤细，开花时下垂，长 2.5～3.5 cm；花萼漏斗状，萼齿短而不规则；花冠裂片卵形、倒卵形或椭圆形，长 1.6 ~ 2.5 mm，宽 5 ~ 7（~ 9）mm，花蕾时作覆瓦状排列，花冠管长 3 ~ 5 mm。果实卵形，长 8 ~ 14 mm，直径 8 ~ 10 mm，顶端具短尖头。花期 4—7 月，果期 9—11 月。（图 5.64）

图 5.64　野茉莉

【分布与生境】武陵源金鞭溪，永定区石长溪林场等地有分布。生于海拔 400 m 以上的林中，为阳性树种，生长迅速，喜生于酸性、疏松肥沃、土层较深厚的土壤中。

【用途】花洁白，美艳丽、芳香，可作庭园观赏植物栽培。

【通识拓展】张家界分布的安息香科植物还有很多，它们有个共同特点：花密生，洁白，芳香，均可作庭园观赏植物。主要有赤杨叶属的赤杨叶（Alniphyllum fortunei）（图 5.65）；白辛树属的小叶白辛树（Pterostyrax corymbosus）、白辛树（Pterostyrax psilophyllus）；秤锤树属的长果秤锤树（Sinojackia dolichocarpa）、狭果秤锤树（Sinojackia rehderiana）；安息香属的赛山梅（Styrax confusus）、老鸹铃（Styrax hemsleyanus）（图 5.66）、芬芳安息香（Styrax odoratissimus）等。

图 5.65　赤杨叶　　　　　　　　　图 5.66　老鸹铃

（三十七）巴东荚蒾（Viburnum henryi）

【来源】忍冬科荚蒾属植物巴东荚蒾。

【形态特征】灌木或小乔木，常绿或半常绿。叶亚革质，倒卵状矩圆形至矩圆形或狭矩圆形，长 6～10（～13）cm，顶端尖至渐尖，基部楔形至圆形，边缘除自一叶片的中部或中部以下处全缘外有浅的锐锯齿，齿常具硬凸头，侧脉 5～7 对，脉腋有趾蹼状小孔和少数集聚簇状毛。圆锥花序顶生；花芳香；花冠白色，辐状，直径约 6 mm，筒长约 1 mm，裂片卵圆形，长约 2 mm。果实红色，后变紫黑色，椭圆形；核稍扁，椭圆形，长 7～8 mm，直径 4 mm，有 1 条深腹沟，背沟常不存。花期 6 月，果熟期 8—10 月。（图 5.67、图 5.68）

图 5.67　巴东荚蒾（1）

图 5.68　巴东荚蒾（2）

【分布与生境】武陵源黄石寨、永定区天门山等地有分布，生于海拔 800 m 以上的山坡林下和灌丛中。

【用途】树冠宽阔，叶形光亮，花密集簇生、洁白，果期长，幼果绿色，后转为红色，最后变成紫黑色，无论树形，还是叶、花、果，均有很高的观赏价值，适宜于作庭园观赏树种栽培。

【通识拓展】张家界分布 10 余种荚蒾属植物，除巴东荚蒾外，常见的还有桦叶荚蒾（Viburnum betulifolium）、短序荚蒾（Viburnum brachybotryum）（图 5.69）、琼花（Viburnum macrocephalum f. keteleeri）（图 5.70）、蝴蝶戏珠花（Viburnum plicatum var. tomentosum）、茶荚蒾（Viburnum setigerum）、合轴荚蒾（Viburnum sympodiale）等，这些植物的株形、叶、花均具观赏性，可用园林观赏植物栽培。

图 5.69　短序荚蒾

图 5.70　琼花

（三十八）薜荔（Ficus pumila）

【来源】桑科榕属植物薜荔。

【形态特征】攀援或匍匐灌木。叶两型，不结果枝节上生不定根，叶卵状心形，长约 2.5 cm，薄革质，基部稍不对称，尖端渐尖；结果枝上无不定根，革质，卵状椭圆形，长 5 ~ 10 cm，宽 2 ~ 3.5 cm，先端急尖至钝形，基部圆形至浅心形，全缘，基生叶脉延长，网脉 3 ~ 4 对，在表面下陷，背面凸起，网脉甚明显。榕果单生叶腋，瘿花果梨形，雌花果近球形，长 4 ~ 8 cm，直径 3 ~ 5 cm，顶部截平，略具短钝头或为脐状凸起，总梗短粗。花、果期 5—10 月。（图 5.71）

图 5.71　薜荔

【分布与生境】全市各地均产，常攀附于树上、墙垣或岩石上。

【用途】薜荔的不结果枝不定根发达，植株枝叶繁茂，适宜于进行垂直绿化。

【通识拓展】薜荔的瘿花果可制作凉粉；茎叶可药用，有祛风除湿、活血通络、解毒消肿的功效，用于风湿痹痛，坐骨神经痛，泻痢，尿淋，水肿，疟疾，闭经，产后瘀血腹痛，咽喉肿痛，睾丸炎，漆疮，痈疮肿毒，跌打损伤。张家界各地分布的榕属植物，属于藤本并适宜作园林观赏植物的还有珍珠莲（Ficus sarmentosa var. henryi）（图 5.72）、爬藤榕（Ficus sarmentosa var. impressa）、地果（Ficus tikoua）（图 5.73）。

图 5.72　珍珠莲

图 5.73　地果

（三十九）尾叶那藤（Holboellia fargesii）

【来源】木通科野木瓜属植物尾叶那藤。

【形态特征】常绿木质藤本。掌状复叶有小叶 5 ~ 7 片；叶柄纤细，长 3 ~ 8 cm；小叶革质，倒卵形或阔匙形，长 4 ~ 10 cm，宽 2 ~ 4.5 cm，先端猝然收缩为长尾尖，尾尖长可达小叶长的 1/4，基部狭圆或阔楔形；侧脉每边 6 ~ 9 条；小叶柄长 1 ~ 3 cm。总状花序数个簇生于叶腋，每个花序有 3 ~ 5 朵淡黄绿色的花。雄花：花梗长 1 ~ 2 cm，外轮萼片卵状披针形，长 10 ~ 12 mm，内轮萼片披针形，无花瓣；雌花未见。果长圆形或椭圆形，长 4 ~ 6 cm，直径 3 ~ 3.5 cm；种子三角形，压扁，长约 1 cm。花期 4 月，果期 6—7 月。（图 5.74）

图 5.74　尾叶那藤

【分布与生境】武陵源景区，永定区天门山镇后山溪等地有分布。生于海拔 500 m 以上的山坡杂木林及沟谷林中。

【用途】常绿藤本，掌状复叶，多为 5 ~ 7 小叶，果实黄色，观叶、观果都很合适，可搭架栽培。

【通识拓展】张家界分布多种适宜作园林观赏的木通科植物，主要有木通属植物木通（Akebia quinata）、三叶木通（Akebia trifoliata）；八月瓜属植物五月瓜藤（Holboellia fargesii）、鹰爪枫（Holboellia coriacea）；野木瓜属植物野木瓜（Stauntonia chinensis）等。

（四十）革叶猕猴桃（Actinidia rubricaulis var. coriacea）

【来源】猕猴桃科猕猴桃属植物革叶猕猴桃。

【形态特征】半常绿藤本。叶革质，倒披针形，长 6 ~ 14 cm，宽 3 ~ 5 cm，先端急尖，基部楔形至阔楔形，下部全缘，中部以上具有稀疏粗大锯齿，细脉不明显；叶柄长 1 ~ 3 cm。花序通常单花，稀 2 ~ 3 花；花红色，径约 1 cm；

萼片 4 ~ 5 片，卵圆形至矩卵形，长 4 ~ 5 mm；花瓣 5 片，瓢状倒卵形，长 5 ~ 6 mm；子房密生白色短绒毛。果实卵形至矩圆形，长 1.5 cm，具斑点，熟后成棕褐色。花期 4—5 月，果期 7—9 月。（图 5.75、图 5.76）

图 5.75　革叶猕猴桃　　　　　　　　图 5.76　革叶猕猴桃

【分布与生境】全市各地均产，武陵源金鞭溪、沙刀沟，永定区天门山、四都坪分布较多，生于海拔 500 m 以上山地阔叶林中。

【用途】花红色、鲜艳，果卵形，具斑点，是很好的观花、观果植物，适宜于搭架栽培。

【通识拓展】张家界分布 10 余种猕猴桃属植物，适宜作庭园观赏植物的还有：紫果猕猴桃（Actinidia arguta var. purpurea）、葛枣猕猴桃（Actinidia polygama）、京梨猕猴桃（Actinidia callosa var. henryi）、阔叶猕猴桃（Actinidia latifolia）（图 5.77）。猕猴桃属植物的果实营养丰富，美味可食，果实大型的种常作果树栽培，目前张家界栽培的猕猴桃属植物主要包括美味猕猴桃（Actinidia chinensis var. deliciosa）和中华猕猴桃（Actinidia chinensis），主要供食用，园林上应用猕猴桃属植物还比较少。

图 5.77　阔叶猕猴桃

树是摇钱树，人是活神仙

——张家界珍稀特有特色植物资源

一、张家界珍稀特有特色植物资源概况

第六章　彩图欣赏

张家界的植物资源不仅种类繁多，而且极具地域特色。在前面几章，我们分别从药用植物、野菜、野果、观赏植物等角度领略了张家界植物资源的"丰富"。在本章，我们进一步介绍张家界珍稀、特有、特色植物资源，让大家领略到张家界植物资源的"神奇"。我们从以下三方面来认识。

（一）张家界的重点保护植物

经国务院 1999 年 8 月 4 日批准，国家林业局、农业部颁布了《国家重点保护野生植物名录（第一批）》。在该名录中，张家界有自然分布和栽培的植物共计 26 科 34 属 40 种，其中国家一级重点保护植物 7 科 8 属 10 种，二级重点保护植物 20 科 26 属 30 种，这些植物很多是珍稀物种。

属于国家一级重点保护植物的有水韭科植物中华水韭；苏铁科植物苏铁；银杏科植物银杏；杉科植物水杉、台湾杉；红豆杉科植物红豆杉、南方红豆杉；伯乐树科植物伯乐树；蓝果树科植物珙桐、光叶珙桐。在这些重点保护植物中，属于张家界野外自然分布的有 6 种，它们是中华水韭、红豆杉、南方红豆杉、伯乐树、珙桐、光叶珙桐。

属于国家二级重点保护植物的有蚌壳蕨科植物金毛狗；三尖杉科植物篦子三尖杉；松科植物金钱松、黄杉；柏科植物福建柏；红豆杉科植物白豆杉、巴山榧树、榧树；连香树科植物连香树；樟科植物樟、闽楠、楠木；豆科植物山豆根、野大豆、花榈木、红豆树；木兰科的鹅掌楸、厚朴、凹叶厚朴；水青树科植物水青树；楝科植物红椿；睡莲科植物莲；蓝果树科植物喜树；蓼科植物金荞麦；茜草科植物香果树；芸香科植物川黄檗；无患子科植物伞花木；玄参科的崖白菜；安息香科植物长果秤锤树；榆科植物榉树。在这些重点保护植物中，属于张家界野外自然分布的有 24 种，它们是金毛狗、篦子三尖杉、白豆杉、巴山榧树、榧树、连香树、樟、闽楠、楠木、山豆根、野大豆、花榈木、红豆树、鹅掌楸、水青树、红椿、喜树、金荞麦、香果树、川黄檗、伞花木、崖白菜、长果秤锤树、榉树。

（二）张家界的特有植物

我们从中国特有树种和地方特有植物两方面来认识张家界的特有植物。从全世界范围看，仅在中国分布的树种就是中国特有树种。张家界分布的中国特有树种主要有白豆杉、红豆杉、榧树、粗榧、瘿椒树、青钱柳、青檀、伞花木、珙桐、杜仲、红豆树、金钱槭、香果树、厚朴、润楠、檫木等。从全国范围看，有些植物分布地域狭小，分布数量有限，这些植物资源便构成某个狭小地域的特有植物。张家界土地面积不大，但特殊的地质地貌使张家界分布着许多地方特有植物资源。如同张家界美丽无比的自然风光，吸引着成千上万的游人前来旅游观光一样，这些植物资源，也吸引着一批又一批植物专家学者来到张家界大山沟壑进行植物考察和研究。经过众多植物专家学者的多年努力，一个又一个植物新种在张家界被发现，呈现在世人面前。张家界的地方特有植物主要有以下四类情形：

第一，以张家界为模式产地，相关植物在张家界以外的其他地区尚未发现有分布或者仅有少数其他地方有分布。包括桦木科植物大庸鹅耳枥；苦苣苔科植物桑植吊石苣苔、粉花唇柱苣苔、单花唇柱苣苔；小檗科植物天平山淫羊藿、紫距淫羊藿；葫芦科植物五柱绞股蓝；禾本科植物灰绿玉山竹、湖南箬竹、湖南刚竹；莎草科植物大庸薹草、湘西薹草等[①]。近年来，相关植物学家和植物工作者在张家界又陆续发现了不少植物新种，如在永定区天门山

---

① 以张家界为模式产地的特有植物远非这些，比如杨保民在《湖南师范大学自然科学学报》1989 年第 4 期发表《湖南竹子新分类群》一文，发表 7 个竹类新种，1 个竹类新变种，其中属于张家界分布的就有 3 种，它们是桑植大节竹（Indosasa sangzhiensis）、毛叶箭竹（Fargesia pubifolia）、毛秆箬竹（Pseudosasa vittata var. pilosicaulis）。因之后出版的中国植物志及其修订版均未收录这些新种，本书暂不作为张家界特有植物的依据，类似这样的情况还比较多。

先后发现了天门山杜鹃、天门山淫羊藿、天门山紫菀，在武陵源景区发现了张家界杜鹃，在桑植五道水、天平山发现了武陵黄耆。我们有理由相信，今后还将有越来越多的植物新种在张家界被发现。

第二，某些在其他地区有少量分布的植物在张家界也有发现，构成新分布种。包括巴东木莲、道真润楠、鹤峰银莲花、保靖淫羊藿、偏斜淫羊藿、永顺堇叶芥、多变西南山茶、瑶山梭罗、湖南黄花稔、宜昌黄杨、湖北锥、川鄂囊瓣芹、湖北杜茎山、湖北地黄、钝齿唇柱苣苔、沅陵长蒴苣苔、鄂西箬竹等。这几年，我在调查张家界植物资源的过程中已先后发现十多个湖南新分布种。今年 4 月，我在永定区天门山北侧发现一种苦苣苔植物，在形态上与 2015 年李家美、李志明在贵州发现并命名的苦苣苔植物新种短柄金盏苣苔（Oreocharis brachypodus）相近，至少是马铃苣苔属的一个湖南新分布种。

第三，相关专家曾以张家界为某植物的模式产地并命名，但后来该植物被归并为其他植物，以张家界为模式产地的植物名被当作异名处理。虽然这些植物以张家界为模式产地的命名被取消，但在它们的植物体上拥有的某些独特性是客观存在的，无法取消的。这类植物包括巴山松（武陵松）、毛芽椴（桑植椴）、毛花酸竹（大庸酸竹）、箬叶竹（具耳巴山木竹）等。

第四，珍稀古树和古树群落。在张家界许多地方，不少古树单株被很好地保留下来，成为非常宝贵的自然资源。比如慈利县溪口镇樟树村有一棵古老的香樟树，该树见证了八十多年前那段血与火的革命历史。1935 年 2 月，任弼时、贺龙领导的红二、六军团曾在这棵古树下召开过动员大会，这棵树被张家界人民誉为红军树。桑植县陈家河镇刘家湾村与湘西州永顺县交界处叫分树垭，原因是两县边界长着两棵硕大无比的枫香树。上洞街乡双溪村的一个小村落长着三棵大古树，其中两棵是当地叫椆树的赤皮青冈，还有一棵是枫香树。永定区天门山镇唐家村沅陵峪还保存着两棵古树，一棵柏木，一棵银杏。值得一提的是，张家界各地还有不少成片分布的古树群落。如桑植县八大公山自然保护区的斗篷山和永定区天门山保存着成片的、古老的亮叶水青冈林；在永定区温塘镇茅岗村一个半岛形的小山包上非常完好地保存着一片苦槠古树林，每棵苦槠都是参天大树，都经历过数百年的沧桑巨变。

（三）张家界的特色植物

除了以上珍稀、特有植物，张家界还有很多具有浓郁地方特色的植物资源。这些资源对张家界人民的生产和生活发挥着重要的作用。主要包括以下两类。

第一，与张家界当地群众日常生活密切相关的特色植物。比如油桐、钩锥的叶是桑植县农村群众经常使用的植物。油桐的叶是群众用来制作包谷粑粑、麦子粑粑、荞麦粑粑、阳芋粑粑的包裹材料；钩锥，在桑植一般叫做巴栗树、粑粑树，它的叶是做"叶叶儿粑粑"的包裹材料。再如各类细辛属（Asarum）植物也是张家界农村群众经常使用的植物。当地群众把细辛属植物叫做"四两麻"，专门用于治疗各种毒蛇咬伤和痛证。

第二，与张家界当地群众生产发展密切相关的特色植物。除了栽培的粮食作物、蔬菜、果树以外，张家界人普遍利用的生产性特色植物还有下列三类：一类是传统的经济林和中药材资源。张家界拥有丰富的森林植物资源，有效利用经济林，采收和种植药用植物能够增加农村群众的收入。在张家界，最具代表性的经济林资源是油桐、油茶和五倍子。油桐的种子含油率高达70%，是重要的工业用油；油茶的种仁含油率在 30%以上，既是传统的食用油，也是润滑油、防锈油等工业用油的原料。五倍子是五倍子蚜寄生在漆树科盐肤木属植物盐肤木、红麸杨、青麸杨的树叶上形成的虫瘿。张家界有盐肤木和红麸杨分布，其中寄生于盐肤木上的五倍子产量大，每年在五倍子成熟的季节就是张家界农村群众进山采摘五倍子的季节。张家界人把寄生于盐肤木和红麸杨上面的五倍子统称为"倍子"，仅把寄生于红麸杨上的五倍子叫"五倍子"，而把寄生于盐肤木上的五倍子叫"七倍子"，理由是前者采收季节稍早，农历五月即成熟，故称"五倍子"，后者采收季节晚一些，农历七月才成熟，故称"七倍子"。另外，张家界人把采摘五倍子的行为叫做"打倍子"。杜仲、川黄檗、厚朴是张家界农村群众种植的三大传统药材。近年来，一些群众还根据市场需求变化尝试种植其他药材。如桑植农村种植较多的有百合、重楼，慈利农村普遍种植玉竹、黄精等药材。二是粽叶的采收和加工。张家界可以用作粽叶的竹类资源很丰富，张家界分布的箬竹、阔叶箬竹等均可用作包裹粽子。十年前，桑植县成立了一家专门进行粽叶加工的公司，公司从村民手中收购粽叶，进行分拣加工，主要用于出口。粽叶四季可采，采摘粽叶已成为桑植农村部分群众增加收入的重要渠道。

　　第三，新型产品开发中的特色植物。杜仲是张家界栽培面积最大的中药材，传统购销的只是树皮，这些年张家界以杜仲叶、花为原料的产品不断推出，如杜仲茶、杜仲雄花茶、杜仲绿原酸等，使过去弃之不用的杜仲叶、花得到了充分有效的利用。张家界在新型产品开发中做得最有成效的算是茅岩莓茶了。澧水在永定区上游的河段称为茅岩河。1993 年，永定区林业局高级工程师黄宏全首先在这一带发现当地濒临失传的土家"霉茶"。经研究发现，这种特殊的茶的原料为葡萄科蛇葡萄属植物显齿蛇葡萄。在黄宏全的大力推动下，当地着手进行显齿蛇葡萄的研究和产品开发，一种以显齿蛇葡萄叶为原料的新型保健茶——茅岩莓茶从此诞生。目前茅岩莓茶已发展成为张家界最著名的地方特色产品。近年来，勤劳聪明的张家界人又以胡桃科植物青钱柳叶为原料开发出了青钱柳系列保健茶。

二、张家界珍稀特有特色植物资源选介

（一）巴山松（Pinus tabuliformis var. henryi）

【来源】松科松属植物巴山松，别名武陵松。

【形态特征】乔木。针叶 2 针一束，稍硬，长 7 ~ 12 cm，径约 1 mm，先端微尖，两面有气孔线，边缘有细锯齿，叶鞘宿存。雄球花圆筒形或长卵圆形，聚生于新枝下部成短穗状；一年生小球果的种鳞先端具短刺。球果显著向下，成熟时褐色，卵圆形或圆锥状卵圆形，基部楔形，长 2.5 ~ 5 cm；径与长几相等；种鳞背面下部紫褐色，鳞盾褐色，斜方形或扁菱形，稍厚，横脊显著，纵脊通常明显，鳞脐稍隆起或下凹，有短刺；种子椭圆状卵圆形，微扁，有褐色斑纹，长 6 ~ 7 mm，径约 4 mm，连翅长约 2 cm，种翅黑紫色，宽约 6 mm。（图 6.1、图 6.2）

图 6.1　巴山松（1）　　　　图 6.2　巴山松（2）

【分布与生境】武陵源广布。生长在武陵源核心景区的悬崖峭壁或裸露岩石之上。

【用途】高耸的石峰与巴山松的奇妙结合，构成了武陵源特有的景观，极具观赏性。

【通识拓展】在巴山松的分类上，学者们有多种不同意见，有人认为本种形态接近油松，主张并入油松；有人认为本种形态介于马尾松和赤松之间，将其视为马尾松的变种。实际上巴山松与马尾松、油松存在显著差异。与油松相比，巴山松针叶较短，球果较小；与马尾松相比，巴山松针叶粗短，球果较短。巴山松的学名原为 Pinus henryi，中国植物志修订版修订为 Pinus tabuliformis var. henryi，即认为巴山松更加接近油松，为油松的变种。武陵松在归并为巴山松之前学名为 Pinus massoniana var. wulingensis，即将该种视为马尾松 Pinus massoniana 的变种。显然这两种观点是不同的。巴山松是武陵源景区最具代表性的本土树种，目前在湖南和张家界的相关文献里，该种仍称作武陵松。

（二）巴山榧树（Torreya fargesii）

【来源】红豆杉科榧树属植物巴山榧树。

【形态特征】乔木，树皮深灰色，不规则纵裂。叶条形，稀条状披针形，通常直，长 1.3 ~ 3 cm，宽 2 ~ 3 mm，先端微凸尖或微渐尖，具刺状短尖头，基部微偏斜，宽楔形，上面亮绿色，无明显隆起的中脉，通常有两条较明显的凹槽，延伸不达中部以上，下面淡绿色，中脉不隆起，气孔带较中脉带为窄，干后呈淡褐色，绿色边带较宽，约为气孔带的一倍。雄球花卵圆形，雄蕊常具 4 个花药。种子卵圆形、圆球形或宽椭圆形，肉质假种皮微被白粉，径约 1.5 cm，顶端具小凸尖，基部有宿存的苞片。花期 4—5 月，种子 9—10 月成熟。（图 6.3）

图 6.3 巴山榧树

【分布与生境】全市各区县山地散见，永定区天门山分布较多，生长于海拔 1 000 m 以上的林下。

【用途】木材坚硬，结构细致，可作家具；种子可榨油。叶形优美，可作庭园观赏树种栽培。

【通识拓展】国家二级重点保护植物，我国特有树种。张家界分布的榧树属植物还有榧树（Torreya grandis），海拔 600 m 以上的林下散见，也是国家二级重点保护植物。

（三）红豆杉（Taxus chinensis）

【来源】红豆杉科红豆杉属植物红豆杉。

【形态特征】常绿乔木，小枝互生。叶螺旋状着生，基部扭转排成二列，条形，通常微弯，长 1～2.5 cm，宽 2～2.5 mm，边缘微反曲，先端渐尖或微急尖，下面沿中脉两侧有两条宽灰绿色或黄绿色气孔带，绿色边带极窄，中脉带上有密生均匀的微小乳头点。雌雄异株；球花单生叶腋；雌球花的胚珠单生于花轴上部侧生短轴的顶端，基部托以圆盘状假种皮。种子扁卵圆形，生于红色肉质的杯状假种皮中，长约 5 mm，先端微有二脊，种脐卵圆形。花期 3—4 月，种子 10 月成熟。（图 6.4、图 6.5）

图 6.4　红豆杉（1）　　　　　　图 6.5　红豆杉（2）

【分布与生境】全市各区县散见，生长于海拔 800 m 以上的山谷疏林中。

【用途】心材橘红色，边材淡黄褐色，纹理直，结构细，坚实耐用，干后少开裂；可供建筑、车辆、家具、器具、农具及文具等用材；本种株形、叶形优美，适宜作庭园观赏树种栽培。

【通识拓展】红豆杉的变种南方红豆杉（Taxus chinensis var. mairei）（图 6.6）在张家界各地也有分布。与红豆杉相比，南方红豆杉的叶较宽、较长，多呈弯镰状，通常长 2～3.5（～4.5）cm，宽 3～4（～5）mm，木材的性质和用途与红豆杉相同。目前，南方红豆杉的人工栽培技术成熟，种苗供应很充足，种植面积正在逐年增加。红豆杉和南方红豆杉均为国家一级保护植物。

图 6.6　南方红豆杉

（四）樟（Cinnamomum camphora）

【来源】樟科樟属植物樟，俗称樟树、香樟。

【形态特征】乔木，高达 30 m。枝和叶都有樟脑味。叶互生，薄革质，卵形，长 6 ~ 12 cm，宽 3 ~ 6 cm，下面灰绿色，两面无毛，有离基三出脉，脉腋有明显的腺体。圆锥花序腋生，长 5 ~ 7.5 cm；花小，淡黄绿色；花被片 6，椭圆形，长约 2 mm，内面密生短柔毛；能育雄蕊 9，花药 4 室，第三轮雄蕊花药外向瓣裂；子房球形，无毛。果球形，直径 6 ~ 8 mm，紫黑色；果托杯状。（图 6.7）

图 6.7　樟

【分布与生境】张家界各地散见，慈利溪口镇、东岳观乡，永定区沙堤乡等地分布较多。

【用途】本种张家界城乡道路、庭园常见绿化树种。樟的木材及根、枝、叶可提取樟脑和樟油，樟脑和樟油供医药及香料工业用。果核含油量约 40%，油供工业用。根、果、枝和叶入药，有祛风散寒、强心镇痉和杀虫等功能。木材又为造船、橱箱和建筑等用材。

【通识拓展】本种为国家二级重点保护植物。张家界用作道路、庭园绿化的樟属植物除樟外还有猴樟（Cinnamomum bodinieri）（图6.8）。猴樟叶片较樟宽大，长8～17 cm，宽3～10 cm，下面苍白，侧脉每边4～6条，不呈离基三出脉。

图6.8　猴樟

（五）花榈木（Ormosia henryi）

【来源】豆科植物红豆属植物花榈木。

【形态特征】常绿乔木。树皮灰绿色，平滑，有浅裂纹。羽状复叶具小叶5～9；小叶革质，矩圆状倒披针形或矩圆形，长6～10 cm，宽2～5 cm，下面密生灰黄色短柔毛，先端骤急尖，基部近圆形或阔楔形。圆锥花序腋生或顶生，稀总状花序；花萼钟形，5齿裂；花冠中央淡绿色，边缘绿色微带淡紫，长约2 cm。荚果扁平，长椭圆形，长7～11 cm，宽2～3 cm，顶端有喙；种子椭圆形或卵形，长8～15 mm，种皮鲜红色，有光泽。花期7—8月，果期10—11月。（图6.9、图6.10）

图6.9　花榈木（1）

图6.10　花榈木（2）

【分布与生境】桑植利福塔至永定区温塘沿线有分布，生于山坡、溪谷两旁杂木林下。

【用途】本种高大挺拔，树干光洁，树冠开展，枝叶浓密，可作庭园观赏树种和行道树。

【通识拓展】本种为国家二级重点保护植物。张家界所产红豆属植物还有红豆树（Ormosia hosiei），桑植八大公山有分布，树姿优雅，是很好的庭园观赏树种。

（六）鹅掌楸（Liriodendron chinense）

【来源】木兰科鹅掌楸属植物鹅掌楸，俗称马褂木。

【形态特征】落叶大乔木，高达 40 m，胸径 1 m 以上，小枝灰色或灰褐色。叶片马褂状，长 4~18 cm，宽 5~19 cm，中部每边有一宽裂片，基部每边也常具一裂片，叶下面密生白粉状的乳头状突起；叶柄长 4~8 cm。花单生于枝顶，杯状，直径 5~6 cm；花被片外面的绿色，内面的黄色，长 3~4 cm；雄蕊和心皮多数，覆瓦状排列。聚合果纺锤形，长 7~9 cm，由具翅的小坚果组成，每一小坚果内有种子 1~2 粒。花期 5 月，果期 9—10 月。（图 6.11）

图 6.11 鹅掌楸

【分布与生境】武陵源天子山，永定区天门山有分布。生于海拔 900 m 以上的山地林中。

【用途】木材淡红褐色、纹理直，结构细致，质轻软，少变形开裂，可供建筑、造船、家具、细木工的优良用材。树干挺直，树冠伞形，叶形奇特，典雅，为世界珍贵树种。

【通识拓展】本种为国家二级重点保护植物，张家界市区有少量栽培。

（七）香果树（Emmenopterys henry）

【来源】茜草科香果树属植物香果树。

【形态特征】落叶大乔木，高达 30 m，小枝有皮孔。叶对生，有长柄，革质，宽椭圆形至宽卵形，长 6~25 cm，宽 4~15 cm，顶端急尖或骤然渐尖，基部短尖或阔楔形，全缘。聚伞花序排成顶生大型圆锥花序状，常疏松；花大，芳香，黄色；花冠漏斗状，长约 2 cm，裂片近圆形，覆瓦状排列。蒴果近纺锤状，长 3 ~ 5 cm，有直线棱，成熟时红色，室间开裂为 2 果瓣；种子很多，小而有阔翅。花期 6—8 月，果期 8—11 月。（图 6.12、图 6.13）

图 6.12　香果树（1）　　　　　图 6.13　香果树（2）

【分布与生境】产桑植天平山，武陵源乱窜坡、鹞子寨前山，永定天门山、后山溪。生于海拔 500 m 以上的山谷林中，喜湿润而肥沃的土壤。

【用途】树干高耸，树形美观，叶大花繁，可作行道树和园林观赏树种栽培。树皮纤维柔细，是制蜡纸及人造棉的原料。木材无边材和心材的明显区别，纹理直，结构细，供制家具和建筑用。

【通识拓展】本种为国家二级重点保护植物。根、树皮药用，有湿中和胃、降逆止呕的功效，用于反胃，呕吐，呃逆。

（八）长果秤锤树（Sinojackia dolichocarpa）

【来源】安息香科秤锤树属植物长果秤锤树。

【形态特征】乔木，树皮平滑。叶薄纸质，卵状长圆形、椭圆形或卵状披针形，长 8 ~ 13 cm，宽 3.5 ~ 4.8 cm，顶端渐尖，基部宽楔形或圆形，边缘有细锯齿，侧脉每边 8 ~ 10 条，小脉网状，网脉在上面平坦，在下面隆起；叶柄长 4 ~ 7 mm。总状聚伞花序生于侧生小枝上，有花 5 ~ 6 朵；花

图 6.14　长果秤锤树

梗长 1.50 cm，被灰色绵毛状长柔毛；花萼陀螺形，长约 2.5 mm；花冠 4 深裂，裂片椭圆状长圆形，长 4 ~ 14 mm，宽 5 ~ 7 mm，外面被长柔毛；雄蕊 8。果实倒圆锥形，连喙长 4.2 ~ 7.5 cm，中部宽 8 ~ 11 mm，具 8 条纵脊，喙长渐尖，长 26 ~ 35 mm，下部渐狭延伸成柄状；果梗纤细，长 1.5 ~ 2 cm；种子线状长圆形。花期 4 月，果期 6 月。（图 6.14）

【分布与生境】桑植八大公山、永定区天门山有分布。生于海拔 1 000 m 以上的山沟坡地及水边。

【用途】树冠宽大，花洁白、艳丽，果实奇特，形似秤锤，可作园林观赏树种栽培。

【通识拓展】本种为国家二级重点保护植物，湖南特有树种，仅分布于张家界和石门县。另外，桑植还产狭果秤锤树（Sinojackia rehderiana），也是国家二级重点保护植物。

（九）伯乐树（Bretschneidera sinensis）

【来源】伯乐树科伯乐树属植物伯乐树。别名钟萼木。

【形态特征】乔木，高达 20 m。单数羽状复叶长达 80 cm；小叶 3～6 对，对生，矩圆形、狭卵形或狭倒卵形，不对称，长 9～20 cm，宽 3.5～8 cm；叶柄长 10～18 cm。总状花序顶生，长 20～30 cm，轴密被锈色微柔毛；花梗长 2～3 cm；花直径约 4 cm；花萼钟形，长 1.2～1.7 cm，具不明显齿，外面密被微柔毛；花瓣 5，粉红色，长约 2 cm，着生于花萼筒上部。蒴果椭圆球形或近球形，长 2～4 cm，木质，厚约 2.5 mm；种子近球形。（图 6.15、图 6.16）

图 6.15　伯乐树（1）　　　　　图 6.16　伯乐树（2）

【分布与生境】桑植县八大公山，永定区石长溪林场、喻家溪林场等地有分布，尤以石长溪林场分布较多，生长在海拔 500 m 以上的山坡、林下。

【用途】树冠宽阔，花大而美丽，可作为庭园观赏植物栽培。

【通识拓展】本种为国家一级重点保护植物，中国特有树种。树皮可入药，有祛风活血的功效，用于风湿筋骨痛。

（十）大庸鹅耳枥（Carpinus dayongina）

【来源】桦木科鹅耳枥属植物大庸鹅耳枥。

【形态特征】乔木，高达 4 m，小枝纤细。叶片披针形或卵状披针形，3 ~ 5 cm，宽 1 ~ 1.5 cm，背面沿脉具长柔毛，基部宽楔形或近圆形，边缘具单锯齿，齿端具毛刺，先端长渐尖；侧脉每边 18 ~ 20 条。果序长 2.5 ~ 3.2 cm，总梗长 1.4 ~ 2 cm；果苞半卵圆形的，长 1 ~ 1.2 cm，宽 3 ~ 4 mm，外缘具疏齿，内侧全缘。小坚果宽卵形，长 2 ~ 3 mm。花期 4—5 月，果期 6—8 月。（图 6.17）

图 6.17　大庸鹅耳枥

【分布与生境】永定区天门山有分布，生长在海拔 1000 m 以上的石灰岩山地、悬崖石缝中。

【用途】大庸鹅耳枥多生长在天门山悬崖石壁的严酷环境下，树干蜿蜒苍劲，为绝佳的天然景观树种，尤适宜作假山造景之用。

【通识拓展】张家界分布多种鹅耳枥属植物，包括华千金榆（Carpinus cordata var. chinensis）、雷公鹅耳枥（Carpinus viminea）（图 6.18）、川陕鹅耳枥（Carpinus fargesiana）（图 6.19）、湖北鹅耳枥（Carpinus hupeana）、多脉鹅耳枥（Carpinus polyneura）等。这些种均为比大庸鹅耳枥高大许多的乔木，叶形存在明显差异，尤其是华千金榆与其他种的叶形差别较大。另外，永定区天门山还产石门鹅耳枥（Carpinus shimenensis），该种仅在天门山和石门壶瓶山有分布，为湖南特有种。虽然中国植物志及其修订版未收录此种，但此种叶、果苞宽圆的独有特征使其与本属其他种显著不同，故在此提及。鹅耳枥属植物形态各异，用于园林绿化效果应不输于榆科榆属植物。

图 6.18　雷公鹅耳枥

图 6.19　川陕鹅耳枥

（十一）张家界杜鹃（Rhododendron zhangjiajieense）

【来源】杜鹃花科杜鹃属植物张家界杜鹃。

【形态特征】常绿灌木，高 1～2 m。小枝暗灰色，密被黄褐色绒毛。叶厚革质，倒卵状披针形，长 6.8～8 cm，宽 2～2.5 cm，先端钝或偶有短尖，基部楔形，边缘微反卷，上面暗绿色，初时密被黄褐色绒毛，后脱落，下面密被厚的黄色或锈红色毡毛层；中脉在上面微凹陷，侧脉每边 7～9 条，两面均不明显；叶柄长 0.5～1 cm，幼时密被黄褐色绒毛。短总状伞形花序顶生，花 5～6（～9）朵，花冠漏斗状钟形，长约 2.5 cm，白色或粉红色，内面上部具黄绿色斑点，裂片 5，近圆形，微展开，长 0.8 cm，宽 1.0～1.3 cm，先端微凹；雄蕊 9～10，不等长。蒴果圆柱状，长约 1.5 cm，直径 4 mm。花期 4—5 月，果期 8—9 月。（图 6.20）

图 6.20　张家界杜鹃

【分布与生境】分布在武陵源杨家界、天子山、黄石寨等地，生长于海拔 1 100～1 300 m 的悬崖边。

【用途】分布稀少，花朵艳丽，可作庭园观赏植物栽培。

【通识拓展】对于张家界植物学界来说，2007 年是一个很有纪念意义的年份。湖南森林植物园彭春良研究员等人在这一年发表了两个张家界特有的杜鹃花属植物新种。一个是张家界杜鹃，散见于武陵源核心景区黄石寨、杨家界等地，分布数量相当稀少，是一个很珍贵的杜鹃新种；另一个是天门山杜鹃（Rhododendron tianmenshanense）（图 6.21），该种分布于天门山山顶台地，由天门山管理处高级工程师黄宏全于 2005 年首先发现。天门山杜鹃的株形、叶、花比张家界杜鹃更为漂亮，更具观赏价值。这个生长在海拔 1 400 m 左右的杜鹃新种被移栽至湖南森林植物园后，仍能正常生长和开花，说明该物种的环境适应性较强，适宜作城市园林观赏植物栽培。

图 6.21 天门山杜鹃

（十二）珙桐（Davidia involucrata）

【来源】蓝果树科珙桐属植物珙桐，俗称鸽子花。

【形态特征】乔木，高 15～20 m。叶互生，纸质，宽卵形，长 9～15 cm，宽 7～12 cm，先端渐尖，基部心形，边缘有粗锯齿；叶柄长 4～5 cm。花杂性，由多数雄花和一朵两性花组成顶生的头状花序，花序下有两片白色大苞片，苞片矩圆形或卵形，长 7～15 cm，宽 3～5 cm；雄花有雄蕊 1～7；两性花的子房下位，6～10 室，顶端有退化花被和雄蕊，花柱常有 6～10 分枝。核果长卵形，长 3～4 cm，紫绿色，有黄色斑点；种子 3～5。（图 6.22）

图 6.22 珙桐

【分布与生境】分布于桑植八大公山自然保护区、武陵源、永定区天门山等地。生海拔 900 m 以上的山地阔叶林中。

【用途】本种为驰名中外的珍贵观赏树种。花序下 2～3 枚白色总苞极其显眼，盛花期极似千百只白鸽于枝头展翅，随风起舞，甚为壮观。

【通识拓展】珙桐在张家界各地的中山地带散见，以桑植县天平山珙桐湾分布最为集中，湖南已知最大的珙桐也产于该地。另外，珙桐的变种光叶珙桐（Davidia involucrata var. vilmoriniana）在张家界也有分布。珙桐、光叶珙桐均为国家一级重点保护植物。

（十三）粉花唇柱苣苔（Chirita roseoalba）

【来源】苦苣苔科唇柱苣苔属植物粉花唇柱苣苔。

【形态特征】多年生草本。叶均基生；叶片草质，卵形，两侧稍不对称，长 6.8~12.5 cm，宽 4~8 cm，顶端钝，基部斜宽楔形，边缘有小浅钝齿或疏牙齿，两面疏被短糙伏毛，侧脉每侧 3~4 条；叶柄长 2.5~5 cm，扁，宽 7~15 mm。花序约 3 条，每花序有 3~6 花；花序梗长 9~13 cm。花冠白色带粉红色，长约 4 cm，外面及内面上唇有少数短柔毛；筒漏斗状筒形，长约 2.4 cm，口部粗约 1.2 cm；上唇长约 7 mm，2 浅裂，下唇长约 15 mm。花盘环状，高约 0.8 mm。花期 7 月。（图 6.23）

图 6.23　粉花唇柱苣苔

【分布与生境】永定区四都坪、天门山有分布，生长于在天门山顶台地阔叶林下的石缝中。

【用途】叶形宽大，花色鲜艳，适宜作盆栽花卉栽培。

【通识拓展】本种为张家界特有植物，分布少，要加以保护。桑植分布的同属植物单花唇柱苣苔（Chirita monantha），也是张家界特有植物。此外永定区四都坪乡还产同属植物钝齿唇柱苣苔（Chirita obtusidentata）。（图 6.24）

图 6.24　钝齿唇柱苣苔

（十四）桑植吊石苣苔（Lysionotus sangzhiensis）

【来源】苦苣苔科吊石苣苔属植物桑植吊石苣苔。

【形态特征】小灌木。茎平卧石上，长约 12 cm，分枝，枝长 1.6 ~ 3.5 cm。叶 3 枚轮生或对生，具短柄；叶片革质或薄革质，倒披针形、倒披针状楔形或狭长圆形，长 0.9 ~ 3.1 cm，宽 3 ~ 7 mm，顶端微尖或截形，基部渐狭，边缘上部有小牙齿；叶柄长 1.2 ~ 4 mm。花单生枝顶叶腋，花梗长 3 ~ 5.4 cm，纤细，无毛。花萼钟状，长 7 ~ 10 mm，无毛，5 浅裂，裂片三角形，长约 2 mm。花冠粉红色，长约 3.7 cm；筒长约 2.6 cm，口部直径约 0.9 cm；上唇长约 2 mm，2 裂近基部，下唇长约 11 mm，3 浅裂。花期 8 月。（图 6.25）

图 6.25　桑植吊石苣苔

【分布与生境】桑植八大公山、永定区天门山有分布，生长于海拔约1 300～1 400 m左右的山地林下的石上或者树上。

【用途】叶形美观，花大，可用作小型装饰盆栽。

【通识拓展】本种为张家界特有植物。同属植物吊石苣苔（Lysionotus pauciflorus）在张家界各地更为常见。植株高约30 cm，也适宜作盆栽。

（十五）五柱绞股蓝（Gynostemma pentagynum）

【来源】葫芦科绞股蓝属植物五柱绞股蓝。

【形态特征】草质攀援植物。茎约2 m或更长，直径约4 mm，具棱，被白色长柔毛。卷须丝状，先端2裂。叶鸟足状，（5～）7小叶；叶柄3～9 cm，具长柔毛；小叶叶片椭圆形，中央小叶长约10 cm，两面疏生短柔毛，沿脉密被长柔毛，边缘有不规则锯齿，先端短渐尖；小叶柄3～5 mm；侧生小叶叶片较小，小叶柄短。雌雄异株。雄花圆锥花序多数，长3～4 cm，具长柔毛；花萼裂片狭椭圆形，先端钝；花冠裂片卵形，长4 mm，宽0.6 mm，先端渐尖。雌花单生或由2（或3）个很短的总状花序组成；花序梗长达4 cm；花梗2～3 mm；花萼和花冠似雄花。花期7月。（图6.26）

图6.26　五柱绞股蓝

【分布与生境】慈利县朝阳地缝、永定区老道湾等地有分布。生长于潮湿的沟谷、林边。

【用途】与同属植物绞股蓝（Gynostemma pentaphyllum）（图6.27）一样，五柱绞股蓝含人参皂苷，具有降血脂、降血压、助消化、抗衰老和抗肿瘤等功效。

【通识拓展】五柱绞股蓝最先在张家界被发现，分布于湖南、贵州、湖北和重庆四省（市）边区交界的武陵山区，是这一地区的特有种。除绞股蓝、五柱绞股蓝外，张家界还有光叶绞股蓝（Gynostemma laxum）分布。

图 6.27 绞股蓝

（十六）油桐（Vernicia fordii）

【来源】大戟科油桐属植物油桐。

【形态特征】落叶乔木；树皮灰色；枝条粗壮具明显皮孔。叶卵圆形，长 8～18 cm，宽 6～15 cm，顶端短尖，基部截平至浅心形，全缘，稀 1～3 浅裂，上面深绿色，下面灰绿色；掌状脉 5（～7）条；叶柄与叶片近等长，顶端有 2 枚红色扁平腺体。花雌雄同株，先叶或与叶同时开放；花萼长约 1 cm，2（～3）裂；花瓣白色，有淡红色脉纹，倒卵形，长 2～3 cm，宽 1～1.5 cm，顶端圆形，基部爪状。核果近球状，直径 4～6（～8）cm，果皮光滑；种子 3～4（～8）颗，种皮木质。花期 3—4 月，果期 8—9 月。（图 6.28、图 6.29）

图 6.28 油桐（1）

图 6.29 油桐（2）

【分布与生境】全市各地广布，生长于海拔 1 000 m 以下的山坡、疏林。

【用途】本种是我国重要的工业油料植物。在张家界民间，桐油是制作蜈蜈油的重要原料，其做法是：将桐油装进竹筒内，倒进桐油，捕捉活蜈蚣，放进桐油中浸泡，数日即可药用，外用治各种痈肿疮毒。油桐叶是桑植县各地农村制作包谷粑粑、麦子粑粑、荞粑粑等最常用的包裹材料。

【通识拓展】张家界偶见同属植物木油桐（Vernicia montana），多年前桑植县洪家关至桥自弯路段曾以此树种用作公路绿化树。

（十七）油茶（Camellia oleifera）

【来源】山茶科山茶属植物油茶。

【形态特征】灌木或乔木。叶革质，椭圆形，长圆形或倒卵形，先端尖而有钝头，有时渐尖或钝，基部楔形，长 5～7 cm，宽 2～4 cm，有时较长，上面深绿色，发亮，中脉有粗毛或柔毛，下面浅绿色，侧脉在上面能见，在下面不很明显，边缘有细锯齿，叶柄长 4～8 mm，有粗毛。花顶生，近于无柄，苞片与萼片约 10 片，由外向内逐渐增大，阔卵形，长 3～12 mm，背面有贴紧柔毛或绢毛，花后脱落，花瓣白色，5～7 片，倒卵形，长 2.5～3 cm，宽 1～2 cm，有时较短或更长，先端凹入或 2 裂，基部狭窄，近于离生。蒴果球形或卵圆形，直径 2～4 cm，3 室或 1 室，3 片或 2 片裂开，每室有种子 1 粒或 2 粒。花期冬春间。（图 6.30、图 6.31）

图 6.30　油茶（1）　　　　　图 6.31　油茶（2）

【分布与生境】张家界全市各地广布，桑植县刘家垭村分布最为集中。生长于海拔 1 000 m 以下山坡、疏林。

【用途】油茶是我国主要木本油料作物，为优质食用油，也可作机器润滑油；果壳含单宁、皂素，还可制活性炭；茶枯是良好的有机肥料，杀虫效果好；在张家界茶枯还是土家族人民传统的洗涤用品，用来洗头、洗涤衣物。

【通识拓展】作为木本油料作物，张家界偶见栽培长瓣短柱茶（Camellia

grijsii），在湖南一般叫攸县油茶，该种种子高达 67%，每 50 kg 干籽土法榨油达 14~16 kg，油具香味，有很好的栽培推广价值。

（十八）五倍子（Galla chinensis）

【来源】五倍子蚜（Melaphis chinensis）寄生于漆树科植物盐肤木（Rhus chinensis）、红麸杨（Rhus punjabensis var. sinica）、青麸杨（Rhus potaninii）叶上形成的虫瘿。张家界分布盐肤木、红麸杨。

【形态特征】盐肤木：落叶小乔木或灌木。奇数羽状复叶有小叶（2~）3~6 对，叶轴具宽的叶状翅，小叶自下而上逐渐增大，叶轴和叶柄密被锈色柔毛；小叶多形，卵形或椭圆状卵形或长圆形，长 6~12 cm，宽 3~7 cm，先端急尖，基部圆形，顶生小叶基部楔形，边缘具粗锯齿或圆齿，叶面暗绿色，叶背粉绿色，被白粉，侧脉和细脉在叶面凹陷，在叶背突起；小叶无柄。圆锥花序宽大，多分枝，雄花序长 30~40 cm，雌花序较短；苞片披针形，长约 1 mm，被微柔毛，小苞片极小，花白色，花梗长约 1 mm。核果球形，略压扁，径 4~5 mm，被具节柔毛和腺毛，成熟时红色，果核径 3~4 mm。花期 8—9 月，果期 10 月。（图 6.32）

图 6.32　盐肤木

红麸杨：落叶乔木或小乔木。奇数羽状复叶有小叶 3~6 对，叶轴上部具狭翅；叶卵状长圆形或长圆形，长 5~12 cm，宽 2~4.5 cm，先端渐尖或长渐尖，基部圆形或近心形，全缘，侧脉较密，约 20 对，不达边缘，在叶背明显突起；叶无柄或近无柄。圆锥花序长 15~20 cm，密被微绒毛；苞片钻形，长 1~2 cm，被微绒毛；花小，径约 3 mm，白色；花瓣长圆形，长约 2 mm，宽约 1 mm，两面被微柔毛，边缘具细睫毛，开花时先端外卷。核果近球形，略

压扁，径约 4 mm，成熟时暗紫红色，被具节柔毛和腺毛。花期 6 月，果期 8 —10 月。（图 6.33）

五倍子：按外形不同，分为"肚倍"和"角倍"。肚倍呈长圆形或纺锤形囊状，长 2.5～9 cm，直径 1.5～4 cm。表面灰褐色或灰棕色，并被有灰黄色柔毛。质硬面脆，易破碎，内壁平滑，有黑褐色死蚜及灰色粉末状排泄物；角倍呈菱角形，具不规则的角状分枝，表面被灰白色滑软的柔毛，较肚倍明显，壁较薄。（图 6.34）

图 6.33 红麸杨

图 6.34 五倍子

【分布与生境】张家界各地各海拔段山坡、沟谷、林下均有盐肤木分布，盐肤木习见，红麸杨生长在海拔 600 m 以上的山地阳坡。

【用途】五倍子是常用中药材，有敛肺降火、涩肠止泻、敛汗止血、收湿敛疮的功效；用于肺虚久咳，肺热痰嗽，久泻久痢，盗汗，消渴，便血痔血，外伤出血，痈肿疮毒，皮肤湿烂。五倍子也是重要的工业原料，五倍子单宁经提纯、合成等方法可制取近百种精细化工产品，广泛应用在医药、化工、染料、食品、感光材料及微电子工业中。

【通识拓展】需要注意的是，盐肤木、红麸杨等树叶上并不天然生长五倍子，五倍子的产生，必须兼有寄主盐肤木属植物，五倍子蚜和过冬寄主提灯藓属（Mnium）植物等三要素。每年早春五倍子蚜从过冬寄主提灯藓属植物飞至盐肤木类植物上产生有形的无翅雌雄蚜虫，雌雄蚜虫交配产生无翅单性雌虫干母，干母在幼嫩叶上吸取液汁生活，同时分泌唾液，使组织的淀粉转为单糖，并刺激细胞增生，逐渐形成外壁绿色而内部中空的囊状虫瘿，即五倍子。

（十九）显齿蛇葡萄（Ampelopsis grossedentata）

【来源】葡萄科蛇葡萄属植物显齿蛇葡萄。

【形态特征】木质藤本。小枝圆柱形，有显著纵棱纹。卷须 2 叉分枝，相隔 2 节间断与叶对生。叶为 1~2 回羽状复叶，2 回羽状复叶者基部一对为 3 小叶，小叶卵圆形，卵椭圆形或长椭圆形，长 2~5 cm，宽 1~2.5 cm，顶端急尖或渐尖，基部阔楔形或近圆形，边缘每侧有 2~5 个锯齿，上面绿色，下面浅绿色，两面均无毛；侧脉 3~5 对；叶柄长 1~2 cm。花序为伞房状多歧聚伞花序，与叶对生；花序梗长 1.5~3.5 cm；花梗长 1.5~2 mm；花萼碟形，边缘波状浅裂；花瓣 5，卵椭圆形，长 1.2~1.7 mm，雄蕊 5，花药卵圆形，花盘发达，波状浅裂。果近球形，直径 0.6~1 cm，有种子 2~4 颗。花期 5—8 月，果期 8—12 月。（图 6.35、图 6.36）

图 6.35　显齿蛇葡萄（栽培）

图 6.36　显齿蛇葡萄（野生）

【分布与生境】武陵源金鞭溪、永定区温塘镇、罗塔坪等地有分布，生长于海拔 300~800 m 的沟谷林中或山坡灌丛。

【用途】制作传统土家"霉茶"的原料；20 世纪 90 年代末以来开发的新型保健产品茅岩莓茶现已成为张家界最知名的地方特色产品品牌。

【通识拓展】在张家界所产蛇葡萄属植物中，与显齿蛇葡萄叶形近似即为羽状复叶的种，还有广东蛇葡萄（Ampelopsis cantoniensis）、羽叶蛇葡萄（Ampelopsis chaffanjoni）、毛枝蛇葡萄（Ampelopsis rubifolia）。可进行相关对比研究和新产品的开发、利用。

（二十）灰绿玉山竹（Yushania canoviridis）

【来源】禾本科玉山竹属植物灰绿玉山竹。

【形态特征】竿高达 1.6 m，粗 4~5 mm；节间长 15~19（~25）cm，竿基部第一节间长 4~6 cm，圆筒形，幼时微被白粉，纵向细肋不明显，空腔小，其直径约 1 mm；箨环隆起；竿环微隆起或在有分枝的节中稍肿起；节内长 3~

4 mm。竿每节分（1～）2～5（～6）枝，簇生并作锐角开展。箨鞘宿存，软骨质，长圆形，约为节间长度的 2/5～1/2，先端渐变为圆形，背面被灰色或灰黄色贴生疣基刺毛，此毛在鞘基部较密，且多向下生长，纵肋显著，边缘密生纤毛。小枝具 2～4（～5）叶；叶鞘长 2.2～3.5 cm，常为紫色；叶片线状披针形，较有韧性，长 4.5～10 cm，宽 5～9 mm，基部楔形，下表面灰绿色，两面均无毛，次脉 3 或 4 对，小横脉形成长方形。笋期 6 月。（图 6.37、图 6.38）

图 6.37　灰绿玉山竹（1）　　　　图 6.38　灰绿玉山竹（2）

【分布与生境】产武陵源黄石寨、鸬子寨，永定区天门山等地，生长于海拔 1 000～1 200 m 的陡坡、林边。

【用途】植株矮小，丛生，适宜作庭园观赏植物。

【通识拓展】本种为张家界特有植物。用于园林观赏，可突出张家界园林的本土特色，提升园林绿化品质。

参考文献

[1] 中共张家界市委宣传部. 张家界读本[M]. 长沙：湖南人民出版社，2009.

[2] 张家界市地方志编纂委员会. 张家界年鉴（2012—2014）[M]. 北京：方志出版社，2016.

[3] 湖南植物志编辑委员会. 湖南植物志（第一、二、三卷）[M]. 长沙：湖南科学技术出版社，2000、2004、2010.

[4] 祁承经，喻勋林. 湖南种子植物总览[M]. 长沙：湖南科学技术出版社，2002.

[5] 祁承经，林亲众. 湖南树木志[M]. 长沙：湖南科学技术出版社，2000.

[6] 湖南省生态学会，湖南省林学会. 湘西八大公山自然资源综合科学考察报告（内部资料）. 1982.

[7] 邓美成. 大庸县张家界林场木本植物及鸟兽名录（内部资料）. 1981.

[8] 中南林学院林学系，湖南省武陵源风景名胜区管理局. 武陵源风景名胜区木本植物动物昆虫名录（内部资料）. 1992.

[9] 湖南省森林资源管理保护局，湖南张家界市武陵源区林业局. 湖南索溪峪自然保护区自然资源综合科学考察报告（内部资料）. 2000.

[10] 国家药典委员会. 中华人民共和国药典[M]. 北京：中国医药科技出版社，2010.

[11] 王国强. 全国中草药汇编[M]. 北京：人民卫生出版社，2016.

[12] 国家中医药管理局《中华本草》编委会. 中华本草[M]. 上海：上海科学技术出版社，1999.

[13] 江苏新医学院. 中药大辞典[M]. 上海：上海科学技术出版社，1986.

[14] 吴贻谷. 中国医学百科全书：中药学[M]. 上海：上海科学技术出版社，1991.

[15] 高学敏，钟赣生. 临床中药学[M]. 石家庄：河北科学技术出版社，2006.

[16] 董淑炎，魏宗荣，杨成俊. 中国野菜食谱大全[M]. 北京：中国旅游出版社，1993.

[17] 董淑炎. 400 种野菜采摘图鉴[M]. 北京：化学工业出版社，2012.

[18] 任仁安. 中药鉴定学[M]. 上海：上海科学技术出版社，1986.

[19] 罗敏，章文伟，邓才富，谭秋生，罗川，罗舜. 药用植物多花黄精研究进展[J]. 时珍国医国药，2016（6）.

[20] 何连军，干雅平，吕伟德，饶君凤，杨菊妹，余家胜. 高效阴离子交换色谱-脉冲安培检测法测定多花黄精多糖的单糖组成[J]. 中草药，2017（8）.

[21] 孙希彩，张春梦，李金楠，冯金磊，周红刚，傅晟，陈卫强. 紫花前胡的化学成分研究[J]. 中草药，2013（8）.

[22] 彭春良，颜立红，廖菊阳，黄文韬. 湖南杜鹃花属一新种——张家界杜鹃[J]. 植物研究，2007（7）.

[23] 彭春良，颜立红，黄宏全，康用权. 中国湖南杜鹃花科杜鹃花属一新种——天门山杜鹃[J]. 植物分类学报，2007（3）.

[24] 刘世彪，陶民，姜业芳，黄衡宇. 五柱绞股蓝的组织培养和快速繁殖[J]. 植物生理学通讯，2007（2）.

[25] 乔彩云，李建科. 五倍子及五倍子单宁的研究进展[J]. 食品工业科技，2011（7）

[26] FRPS 中国植物志[OL]. http：//frps. eflora. cn/

[27] 中国植物志（英文）[OL]. http：//foc. eflora. cn/

[28] 中国自然标本馆[OL]. http://www.cfh.ac.cn/

[29] 中国数字植物标本馆[OL]. http://www.cvh.ac.cn/

[30] JIA-MEI LI, ZHI-MING LI. Oreocharis brachypodus（Gesneriaceae），a new taxon from Guizhou, China[OL]. http://www. mapress. com/phytotaxa/content/ 2015/f/p00204p299f. pdf

后　记

　　这本教材是我在进行一百多次野外植物资源调研的基础上撰写的。正是因为进行了扎实的调研工作，我才逐渐具有了关于张家界植物资源的总体认识；正是因为进行了扎实的调研工作，我才积累了越来越多的植物知识，才有了比较扎实的植物分类的基本功。之前的很多年，这项工作都是我一个人进行的。这个过程非常枯燥，也非常孤独，没有一点恒心恐怕难以坚持下来。直到去年10月，我开始脱离孤独，我的同事廖伯儒教授把我拉进了他所在的植物调研及拍摄队伍之中。这支队伍有茅岩莓茶的创始人、天门山杜鹃的最早发现人黄宏全高级工程师，有中南林业科技大学植物学专家喻勋林教授，有张家界市林业局资源林政科江方明科长（工程师），还有永定区编委退休干部张德松先生、永定区石长溪林场汤发周副场长等。在与他们一起考察的过程中，我见到了不少之前未曾见过的植物，如张家界杜鹃、牛耳枫、华榛、羊舌树、钝齿唇柱苣苔、寒兰、无柱兰、绿花杓兰等。从他们身上，我还学到了不少摄影知识。值得一提的是，每次出去考察，廖伯儒教授既是组织者，又是大家的司机；黄宏全老先生一直热心地帮助我提高摄影技巧。今年5月6日，我们结伴上石长溪林场拍摄伯乐树开花的照片。一时兴起，我写了一首《观伯乐树有感》的小诗：

> 百忙之中有闲暇，
> 背负行囊走山崖。
> 不怨人生少伯乐，
> 我自笑赏伯乐花。

　　在植物调研过程中感受快乐，不乞求他人夸赞。一种从未有过的超脱与释然，这就是我当时的真实心境，或许也是我们整个队伍的共同心境。

　　如果把这本教材比作一幢建筑物的话，调研过程无疑就是建筑物底层铺就的坚强基石。但建造建筑物仅有基石显然是不够的,还必须有其他多方面的材料。这些材料就是我在写作过程中需参考的文献资料。如在植物的形态描述上我引用了《中国植物志》《中国高等植物图鉴》《中国高等植物》(均引自《中国植物志》全文电子版网站 http://frps.eflora.cn/,其中《中国高等植物图鉴》《中国高等植物》的相关内容来自该网站的链接)等权威文献的表述。为节省篇幅,只作了一定程度的浓缩,结合我实地观察到的情况对个别特征和数据进行过修正;中草药功用的描述引用的是《中华人民共和国药典》《全国中草药汇编》《中药大辞典》《中华本草》的表述。在张家界植物资源的分布情况的统计方面,那些我尚未观察到的种类,主要来自《湖南植物志》(第1~3卷)、《湖南种子植物总览》《湖南树木志》及其他相关研究成果的记载,并检索、参考了植物专家和植物爱好者上传至中国自然标本馆、PPBC 中国植物图像库网站的相关植物照片。在写作过程中遇到的其他难题,均通过查阅相关研究文献得到解决。在此,谨对上述文献来源的各位专家、作者深表谢意!

我在教材完稿以后发现,我的 8 万余张植物照片竟然还不能完全满足配图的需要。于是我的同行、朋友们非常慷慨地满足了我的要求,解了我的燃眉之急。廖伯儒教授提供了百合的照片,黄宏全先生提供了松乳菇的照片,我多年前的学生张建平提供了红汁乳菇的照片,湖北民族学院易咏梅教授提供了黑老虎的照片,湖北闺真园中草药有限公司标本馆周重建先生提供了五倍子的照片,江西宜春林科所肖智勇先生提供了毛竹的照片。在此,谨对这些朋友的支持深表谢意!

最后,我要感谢吉首大学教务处及素质教育中心的领导和同志们!正是你们的精心组织和大力支持,本书才得以付梓!

秦位强

2017 年 7 月 15 日凌晨